汉竹编著·健康爱家系列

吃不厌的面食

小雯 著

汉竹图书微博
http://weibo.com/hanzhutushu

江苏凤凰科学技术出版社
全国百佳图书出版单位

导读

中式美食五花八门，其中面食在国人的餐桌上是非常重要的一个种类。柔软蓬松的包子、馒头，爽滑筋道的面条，皮薄馅多的馄饨饺子……这些中式面食很常见，使用材料也很简单，不过要做得好吃却不那么容易，这取决于制作者对食材的把控程度。例如：

水和面粉的比例应该如何拿捏？

面团到底怎样才算饧发合格？

包子怎么包才不会露馅？蒸的时候怎样才不会塌陷？

怎么烙锅贴才能不吃油？

……

这些困扰你的问题，我们将在本书中一一为你解答。书中小雯老师还提供了许多馅料、卤的制作方法，让你在口味上有更多选择。

除此之外，小雯还在食谱中贴心地给出了事半功倍的小妙招以及详细的步骤图，让你可以轻松上手，做出自己喜欢的面食！

目录

第一章

面团、馅儿，好吃面食的百搭做法

第二章

馒头，一辈子离不开的经典主食

第三章

花卷、发糕，给面食加点料

第四章

包子、水煎包，带馅儿的传统美味

第五章

饼、盒子、锅贴，平底锅里的美味

第六章

饺子、馄饨，皮薄馅大汤汁浓，够味儿

第七章

汤面、炒面、凉面、拌面、面片，大口吃下的爽快面食

第一章

面团、馅儿，好吃面食的百搭做法

面团是面食的基础，只有做好了面团，面食才会有好味道。本部分将详细介绍发面面团、冷水面团、烫面面团的制作方法。

发面面团

做法

1 酵母加入温水（不高于36℃）静置，待酵母溶于水中。

2 加入面粉，在面盆里混合成粗糙的面团。

3 取出面团，在案板上将其揉至光滑状。

4 用保鲜膜将面团封好，室温发酵至先前的2倍大小，此时内部组织呈蜂窝状。

5 取出面团轻微揉至表面光滑，再次松弛10分钟即可制作馒头、包子等发面面食。

温水中加入酵母。

加入面粉混合。

揉成光滑的面团。

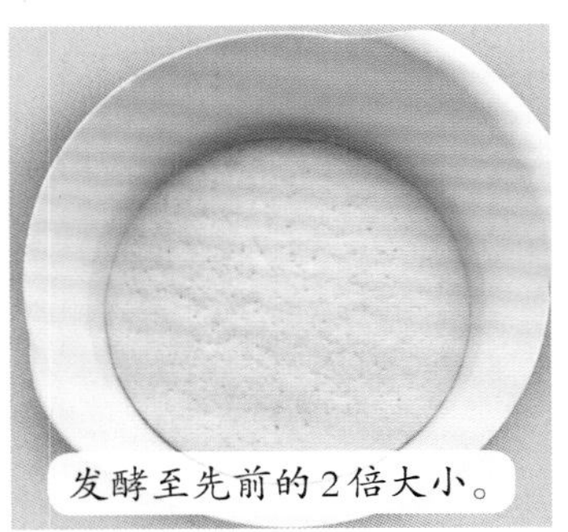
发酵至先前的2倍大小。

发酵好的面团内部呈蜂窝状。

揉匀后再次松弛10分钟。

冷水面团

做法

1 盆内加入面粉、少许盐、鸡蛋液和水，用筷子搅拌成棉絮或疙瘩状。

2 将面团揉至光滑状，用保鲜膜封好，松弛30分钟即可制作饺子、面条等面食。

搅拌面粉。

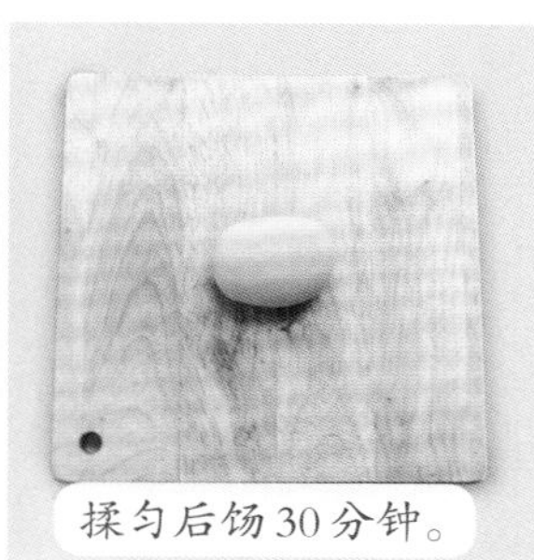
揉匀后饧30分钟。

烫面面团

做法

1 盆内加入面粉、少许盐，用筷子搅拌均匀后，边加入沸水边搅拌，搅拌成棉絮或疙瘩状。

2 再加入少许冷水，揉成粗糙的面团。

3 取出面团，在案板上将面团揉至表面光滑即可制作烫面包子、烙饼等面食。

搅拌面粉。

揉成粗糙面团。

面团揉至光滑状。

要选择含苞待放的槐花做馅才够鲜嫩。

蛤蜊肉味道较鲜美，营养丰富，而且低热量、低脂肪，无论你是需要进补身体还是需要减肥塑形，蛤蜊都是一个非常好的选择。五月槐花香，这个季节尤其适合吃槐花（最好选择鲜槐花），可在家做一做槐花猪肉蛤蜊馅的包子或饺子。

槐花猪肉蛤蜊馅

原料

猪五花肉（或颈背肉）180 克
花雕酒 8 克
生抽 8 克
蚝油 4 克
槐花 130 克
鲜蛤蜊肉 60 克
油 15 克
盐 4 克
葱姜油适量

槐花猪肉蛤蜊馅做法

1 猪肉切末，加入花雕酒、生抽、蚝油、盐、葱姜油搅拌均匀待用。

2 猪肉末里加入蛤蜊肉搅拌均匀。

3 槐花洗净，焯水，沥干水分。

4 槐花放入混合肉馅里。

5 倒入葱姜油，将猪肉馅和菜拌匀即可。

葱姜油的做法

葱切大段，姜切片，放入食用油里，中小火加热至葱姜变焦，弃掉葱姜得到葱姜油。

韭菜选择头刀韭菜，口感和味道更棒！

韭菜要提前洗净沥干水，但注意时间上的把控要适度，洗过的韭菜不能放置太久，易出水。另外，虾皮本身带有咸味，加盐的时候要适量。

韭菜虾皮馅

原料

韭菜 220 克
鸡蛋 4 个
虾皮 20 克
水发木耳 40 克
泡发粉条 40 克
盐适量
花生油 50 克

做法

1 鸡蛋打散，备用。

2 花生油烧热，加入鸡蛋炒碎。

3 锅中加入虾皮炒香后关火，盛出冷却待用。

4 粉条、韭菜、木耳切碎。

5 鸡蛋碎中加入切碎的木耳、韭菜、粉条和盐。

6 将全部馅料搅拌均匀即可。

美味小贴士

盐要等到包制之前才加，不然韭菜容易出汤。

芸豆要提前断生才可包制，否则不熟透易中毒。

芸豆除了可以用油锅炒后做馅外，也可以煮软，自然冷却后切碎入馅。

芸豆猪肉馅

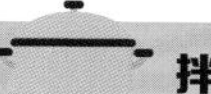 拌 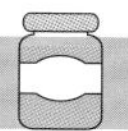  咸  30 分钟

原料

猪五花肉（或颈背肉）120 克
花雕酒 5 克
老抽 5 克
蚝油 5 克
生抽 15 克
芸豆 160 克
葱姜油 10 克
盐 5 克
水发木耳 30 克
海米 5 克

做法

1 猪肉洗净切成丁，加入花雕酒、老抽、蚝油、生抽搅匀后腌制 10 分钟。

2 芸豆洗净切丁，锅中倒入葱姜油烧热，放入芸豆丁翻炒至边缘透明，盛出冷却。

3 将芸豆丁和切碎的水发木耳放入猪肉丁中，加入海米和盐拌匀即可。

猪肉洗净切丁。

猪肉丁内加入花雕酒、老抽、蚝油、生抽搅拌均匀。

芸豆丁炒熟后，盛出冷却。

猪肉丁、芸豆丁加海米、木耳碎、盐拌匀。

美味小贴士

炒芸豆时加些蒜碎，拌好的馅更香。

猪肉最好选用五花肉，这样做出
来的馅料汁多肉香。

我用的是口感脆，味道稍甜的山东大葱，也可用葱味更重的，大家可以根据自己的口味挑选。如果是冬天储存的大葱，最好用葱须比较短的，口感更佳。

猪肉大葱馅

 拌　 咸　 15 分钟

原料

猪肉糜 150 克
花雕酒 5 克
姜汁 3 克
生抽 6 克
老抽 2 克
蚝油 6 克
大葱 100 克
花生油 20 克
胡椒粉少许
盐 3 克
味精少许
清水 25 克

做法

1 猪肉糜中加入花雕酒、姜汁、生抽、老抽、蚝油、清水，顺着一个方向搅拌至猪肉糜有筋道感。

2 大葱切末，加入猪肉糜中。

3 加入花生油、胡椒粉、盐和味精，顺一个方向拌匀即可。

猪肉糜一定要顺一个方向搅上劲才好吃。

大葱不必切得太碎。

加入花生油、胡椒粉、盐、味精后搅拌。

美味小贴士

搅肉时需要不停加水，搅出的肉馅才汁多较嫩，加水的量应根据肉糜的稀软程度而定。

一次成功小妙招
葱汁、姜汁可用葱姜油代替，
味道会更好。

菌菇猪肉馅

菌菇猪肉馅中的金针菇、蟹味菇、白玉菇能中和猪肉油腻、肥厚的口感。菌菇类自带的鲜香在做成馅料后依然有所保留，用这种馅料做成的包子吃起来格外鲜美。

原料：

猪肉糜 85 克
花雕酒 3 克
生抽 8 克
蚝油 2 克
杂菇 180 克
葱汁 8 克
姜汁 3 克
盐 2.5 克
花生油 5 克
香油 3 克
清水 10 克

1 将所有菇类洗净、沥干水。

2 锅中水烧开，将菇类放入，焯软后捞出，放入凉水中冷却，沥干水待用。

菌菇不要焯得过于熟烂，以免影响口感。

3 猪肉糜中加入姜汁、葱汁、花雕酒、蚝油、清水，搅拌上劲，再将菇类切碎放入肉糜中。

4 加入生抽、花生油、香油、盐，拌匀即可。

辣白菜可中和猪肉的油腻，做好的馅酸爽可口。

辣白菜是一种发酵美食，特点是辣、脆、酸、甜，色白带红，四季皆宜。它和猪肉一起做成的馅料非常爽口，特别适合做包子和饺子的馅料。

辣白菜肉丁馅

原料

猪肉丁 170 克
花雕酒 6 克
老抽 6 克
蚝油 6 克
辣白菜 400 克
葱姜油 30 克
糖 8 克

做法

1 将猪肉丁倒入碗中，加入花雕酒、老抽、蚝油，搅拌均匀待用。

2 辣白菜切碎，倒入放有猪肉丁的碗里。

3 在碗中加入糖、葱姜油，一同搅拌均匀即可。

猪肉采用五花肉更佳。

加入调料后可腌制猪肉丁10 分钟。

辣白菜的汤汁入味更赞。

美味小贴士

辣白菜已带咸味，所以不必放盐。

最好选用冬天的大白菜，味道鲜甜，
口感爽脆。

白菜猪肉馅是家常面点中很常用的馅料，食材准备起来也非常简单，很适合做包子馅、饺子馅、馅饼馅，希望每位读者都能制作出好吃的白菜猪肉馅。

白菜猪肉馅

原料

猪肉靡 170 克
花雕酒 6 克
老抽 6 克
蚝油 3 克
生抽 3 克
白菜 380 克
葱姜油 15 克
盐 6 克

做法

1 将白菜洗净，沥干水，放入碗中待用。

2 在猪肉糜中加入花雕酒、老抽、生抽、蚝油搅拌均匀备用。

3 将白菜切碎，放入 3 克盐，拌匀腌一会儿。

4 白菜碎挤出水放入猪肉糜中，再加入葱姜油、余下的 3 克盐，搅拌均匀即可。

美味小贴士

还可在基础款白菜猪肉馅中加入虾仁、干贝丝或者海米，味道会更鲜美。

壽

第二章

馒头，一辈子离不开的经典主食

馒头是一种很纯粹的面食，除了面以外，不需要其他馅料，因此面的好坏程度成为馒头好吃与否的关键。

发面好，馒头暄软没疙瘩

1 酵母不能用热水溶解，否则会烫坏酵母而影响发酵效果。

2 加入面粉后，要耐心揉至面团光滑，再进行第一次发酵，这样发酵后的面团再次揉会轻松很多。

3 二次揉面也是整形的阶段，一定要把面揉光滑再进行整形，但是二次揉面的时间不能太长，否则会影响成品发酵效果，所以就要在第一次揉面时将面团提前揉到光亮。

4 整形好的面团要经过最终发酵，发酵时间不能太短也不能太长，主要看面团的发酵状态。室温高，发酵会快；室温低，发酵相对而言就会慢一些。

5 发酵好的面团会比原来大一倍，这种状态就可以上锅蒸了。发酵过头的话，味道会发酸，而且也不容易从案板移到锅中，所以要避免过度发酵。

揉面细，面团光滑更筋道

1 揉面要揉细、揉匀，这样做出的面食外表光滑不粗糙。

2 把面团揉光滑是需要耐心和一定力量的，这里有个省力的小妙招：面团加入水后，混合成粗糙面团，这时盖保鲜膜松弛 10 分钟再揉 2 分钟左右，然后再盖保鲜膜松弛 10 分钟，再继续揉 2 分钟左右，如此循环 4~6 次，面团就会变得光滑了。

如何判断蒸制的火候和时间

1 一般蒸面食有冷水蒸和热水蒸两种。本书中用热水蒸的菜谱比较多，因为热水蒸的成功率更高，就像用烤箱烤东西须提前预热，再放入食材进行烹制的成功率更高的道理一样。

2 同样大小的面食，带肉馅的一般蒸 20 分钟左右；不带馅或者素馅的，蒸 15 分钟左右即可。

3 蒸好的面食切记不能直接开锅盖，关火后一定要在锅中闷 3~5 分钟，让其缓慢降温，然后才能开锅盖，以保证面食不会因为锅内外温差过大而收缩，影响外形。

手揉馒头、刀切馒头，哪种更适合你

1 手揉馒头较刀切馒头更筋道一些。

2 手揉馒头需要反复加面粉不停揉，最后揉到不仅仅是表面光滑，而且整个面团都很扎实、很硬的程度。这样手揉馒头的口感才筋道、有嚼劲，就像本书所述的戗面馒头一样。

3 刀切馒头不需要特别揉，只要面团光滑就可以了，因为做法简单，时间短，适合新手。它口感比较暄软、蓬松，像本书所述的南瓜馒头一样。

手揉馒头更筋道。

刀切馒头适合新手。

戗面馒头水分少，吃起来比较筋道，而且不容易变质。

在北方的面食里，山东的“戗面馒头”很有特色，也很有名气，这种馒头蒸好出笼后很漂亮，个头儿大、色泽洁白、光亮，入口后耐嚼，十分香甜。

戗面馒头

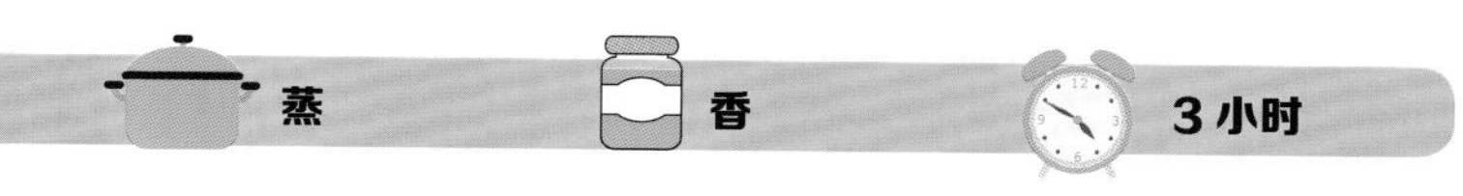

原料

A：面粉 250 克
水 125 克
酵母 2 克

B：面粉 80 克

做法

1 将原料 A 中的酵母倒入水中融化，再将水倒入原料 A 的面粉中，调成棉絮状，揉成比较粗糙的面团。盖保鲜膜，室温发酵至原来的 2 倍大。

2 取出发酵好的面团，排气，边揉边徐徐加入原料 B 中的面粉，直至面团变得光滑、紧实、坚挺。

3 然后将面团分成 6~8 个剂子，揉面。可以继续加入面粉，揉成光滑的、坚挺的圆锥形生坯。

4 盖好保鲜膜，室温发酵至原来的 1.5 倍大小。

5 锅中加入热水烧开后将馒头放在蒸屉上，盖好锅盖。水再次烧开后，蒸 10~15 分钟。关火，闷 2 分钟，开盖取出即可。

美味小贴士

戗面馒头的生坯要揉得比一般馒头高，因为发酵、蒸好后高度会有所下降。

和面时加入牛奶可使蒸出来的馒头更白，味道更香。

黑芝麻含钙非常高，而且对头发特别好。喜欢面食的朋友可以试着将黑芝麻磨成粉做成黑芝麻馒头，健康营养又养生。

黑芝麻刀切馒头

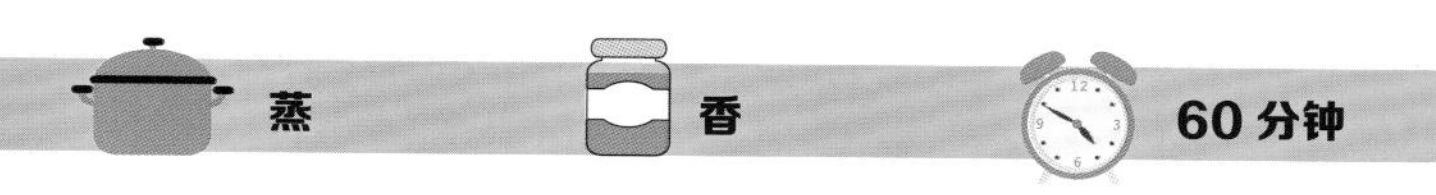

原料

低筋面粉 250 克
黑芝麻粉 30 克
酵母 3 克
牛奶 140 克

做法

1 酵母加牛奶溶解后，加入低筋面粉和黑芝麻粉。

2 揉成面团，移到案板上，用擀面杖擀成长方型。

3 由上至下，折成三层，调换方向，继续擀长，折三折，如此类推，直到面团表面光滑。

4 擀成长方形的面片，卷成棍状。

5 用刀切成刀切馒头的生坯，盖布发酵至原来的 1.5 倍大小。

6 蒸锅加水烧开，把发酵好的生坯入锅蒸 12 分钟，关火闷 2 分钟开盖即可。

美味小贴士

黑芝麻可以自行用料理机磨成粉，也可在超市购买成品纯黑芝麻粉。

寿桃馒头属于造型馒头，一般用于祝寿、喜宴。

家里有老人过生日的时候除了做长寿面，还可以做个寿桃馒头，非常喜庆。做寿桃馒头时，注意二次饧发的时间不要太长。

寿桃馒头

原料

面粉 500 克
牛奶 240 克
酵母 6 克
糖 10 克
豆沙馅适量
红色食用色素少许

做法

1 将酵母加入牛奶溶解后倒入面粉中调成棉絮状，然后揉成光滑的面团，盖上保鲜膜，室温发酵至原来的 2 倍大。

2 发好的面团内部呈蜂窝状，取出并排气，把面团分割成每个 70 克左右的小面团，然后将分割好的面团滚圆，盖上保鲜膜，松弛 15 分钟。

3 取一个面团擀成圆形面皮，包入豆沙馅，收口处掐紧，用手拢成桃子形状，用刀的背面给桃子划出纹路，可用牙刷蘸取少许红色食用色素，刷到桃子的尖部，盖上保鲜膜，室温发酵至原来的 1.5 倍大。

4 蒸锅烧热水，上锅蒸 15 分钟，关火后闷 2 分钟开盖即可。

馒头的制作

蒸之前再用刀的背面轻轻将馒头的纹路刻画得深一些，蒸出来的视觉效果更佳。

一次成功
小妙招
酵母混入水中的时候，注意水温不要超过 40℃。

全麦馒头

全麦面粉是整粒小麦在磨粉时，仅经过碾碎，而不经过除去麸皮程序制成的，包含了麸皮与胚芽。小麦中的麸皮含有营养价值极高的纤维素，对人体有很大的益处。

原料：

全麦面粉 250 克
水 140 克
酵母 3 克

1 酵母加入水中溶解，加入面粉中，调成棉絮状，然后揉成比较光滑的面团，盖上保鲜膜，室温发酵至原来的 2 倍大，直至内部呈蜂窝状。

2 取出发酵好的面团，排气，分割成所需大小。

全麦馒头低糖、低脂、低热量，
特别适合“三高”人群食用。

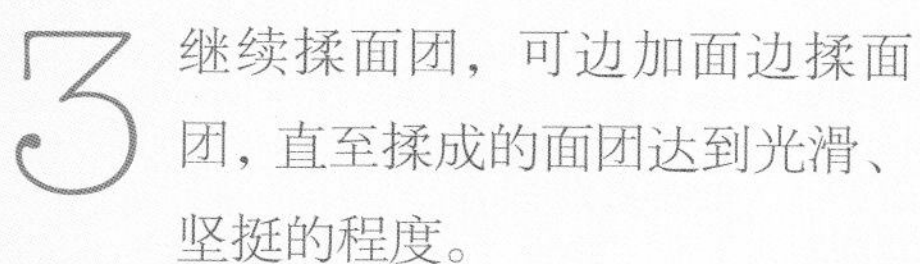

3 继续揉面团，可边加面边揉面团，直至揉成的面团达到光滑、坚挺的程度。

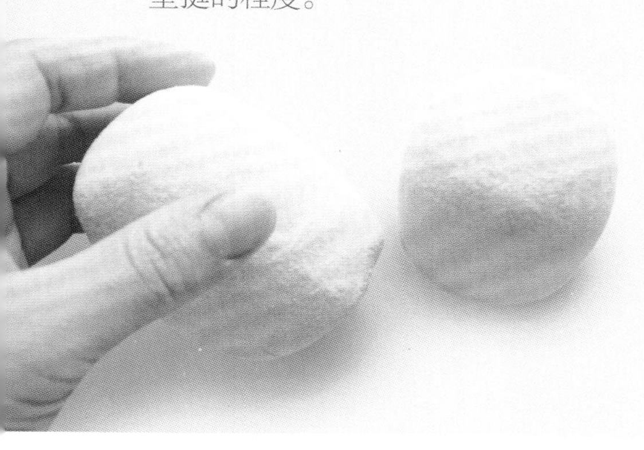

4 盖发酵布发酵，发酵至原来的 1.5 倍大，完毕后锅中加入热水，烧开后将馒头放入，盖好盖子。蒸 10~15 分钟。关火，闷 2 分钟，开盖取出即可。（图为发酵完毕时）

做小兔子馒头时，发酵不能过头，
这样蒸出来的小兔子才成型。

小白兔造型的馒头，主要在于塑形，其他的操作和一般蒸馒头相同。造型可爱的小馒头，不仅是小朋友的最爱，也能增添生活情趣。

小兔子馒头

蒸

香甜

3 小时

原料

面粉 500 克
牛奶 240 克
酵母 6 克
糖 10 克

做法

1 所有原料混合，揉成光滑的面团。

2 将面团分成 60~80 克大小，并逐个调整成水滴状。

3 用剪刀在水滴尖部剪出两个对称的小耳朵。

4 用豆子做眼睛，按进耳朵下方，盖发酵布发酵至原来的 1.5 倍大。

5 蒸锅加水烧开后，放入发酵好的馒头盖好盖子，锅中注水，蒸 10 分钟，关火闷 2 分钟即可。

美味小贴士

也可以在馒头蒸好后，用融化的巧克力点出小兔子的眼睛。

凉水上锅蒸，使馒头能够缓慢均匀地受热，从而更加蓬松柔软。

刀切馒头，蒸好后可油炸，蘸酱食用。刀切馒头温热松软，可促进消化。

刀切馒头

原料

面粉 500 克
水 200~210 克
酵母 6 克

做法

1 酵母加入水中溶解后，倒入面粉中，调成棉絮状后揉成光滑的面团。盖保鲜膜室温发酵至原来的 2 倍大，将发酵好的面团取出排气，分成 2 份。

2 将分割好的面团擀成 3~5 毫米厚的长方型面皮，上面撒少许面粉卷成棍，用锋利的刀把面团切成所需大小，放入笼屉中发酵至原来的 1.5 倍大。

3 锅中注水，将馒头放入，大火上汽后转中火，蒸 10 分钟左右后关火，不要开盖，闷 2 分钟即可。

美味小贴士

揉面时，若面团粘手，可在案板上撒少许面粉防粘，蒸制时馒头下可垫烘焙纸，以防粘锅和影响美观。

一次成功小妙招
南瓜若稀软，就多放油；
南瓜若比较面，就少加
面粉。

 蒸  香甜  3 小时

南瓜馒头

南瓜馒头是用南瓜、面粉等原料制作的一道面食。南瓜中含有蛋白质、胡萝卜素、B 族维生素、维生素 C 和钙、磷等成分，营养丰富，口味香甜，老少皆宜。

原料：

熟南瓜 350 克
酵母 5 克
面粉 660 克
清水少许

做法

1 熟南瓜捣成泥加入面粉中，酵母加少许清水溶解，一同揉成光滑的面团。

2 盖保鲜膜，室温发酵至原来的 2 倍大。取出，分成每个 100 克左右的面坯。

3 将面坯逐个揉光滑，整型成圆型。

4 按南瓜造型或直接盖布发酵至原来的 1.5 倍大。

5 锅内注水，放入馒头，大火上汽后，转中火蒸 15 分钟，关大火闷 3 分钟即可。

南瓜捣成泥。

面团发酵至内部呈蜂窝状。

制作南瓜馒头时也可以用牙签压出南瓜纹路，纹路尽量压深一些。

用细线做成一个网兜。

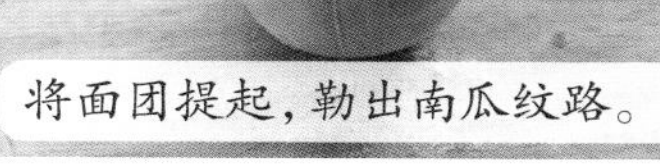

将面团提起，勒出南瓜纹路。

发酵好之后，去掉细线。

第三章

花卷、发糕，给面食加点料

压花时在筷子上面撒点面粉，不容易粘。

深秋时节，赏菊正当时。大家可以在家中做菊花花卷，非常应景。用紫薯泥和面，既好看又好吃。

菊花花卷

原料

A：面粉 250 克
水 120 克
酵母 3 克
糖 5 克

B：面粉 250 克
熟紫薯泥 130 克
酵母 3 克

其他：食用油少许

做法

1 原料 A 和原料 B 分别混合揉成光滑的面团，盖保鲜膜，室温发酵至原来的 2 倍大。

2 将原料 A 的原味面团擀开呈饼状，大约 0.5 厘米厚，表面刷一层油；将原料 B 紫薯面团擀开呈饼状，大约 0.5 厘米厚，覆盖在原味面皮上。

3 将两张面皮一起卷起，卷成长柱状；用刀切成大约 2 厘米宽的面剂；每两个面剂为一组，并列排好。

4 两根筷子合力夹住两个面剂的中间，稍用力，将中心夹在一起，形成一个四瓣的花朵。

5 用刀或者剪刀分别将四个花瓣的顶端剪开；轻轻拉开花瓣后盖保鲜膜发酵至原来的 1.5 倍大，即可上锅蒸。

6 蒸锅里的水烧开后上屉，水再次上汽后蒸 2 分钟，转中小火蒸 10 分钟关火，闷 3 分钟开锅即可。

两张面皮尽量一样大。

动作要轻，以免面团变形。

用力将筷子夹紧。

剪刀剪完后可以用手对其形状进行微调。

小妙招
一次成功
建议发酵温度为28℃，
时间为1个小时。

原料：

A：面粉250克
水120克
酵母3克
糖5克

B：面粉250克
熟紫薯泥130克
酵母3克
油少许

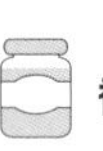

双色花卷

双色花卷外观好看，营养丰富，有宝宝的家庭可以学着做一做，既能吸引宝宝目光，又能刺激食欲。

1 原料A和原料B分别混合揉成光滑的面团，盖保鲜膜，室温发酵至原来的2倍大；将原料A的原味面团擀开呈饼状，大约0.5厘米厚，表面刷一层油。

2 将原料B紫薯面团擀开呈饼状，大约
厘米厚，覆盖在原味面皮上；将两张
皮一起卷起，卷成长柱；用刀子切成
约3厘米宽的面剂。

只要掌握了和面的方法，就可以将双色花卷做成各种口味和形状。

3 每两个面剂为一组，上下摞起来；用筷子由上向下平行用力，下压面剂，形成自然的花卷纹路；用手将两端稍微捏一下，使花纹更加舒展。

4 盖保鲜膜，室温发酵至原来的 1.5 倍大即可上锅蒸；蒸锅烧开水后上屉，再次上汽后蒸 2 分钟，转中小火蒸 10 分钟关火，闷 3 分钟开锅即可。

葱花里加一点小苏打拌匀，会使葱花更绿。

葱香花卷是一款很经典的家常主食。它营养丰富，味道鲜美，做法也简单，可以做成椒盐、麻酱、葱油等各种口味。

葱香花卷

蒸
咸
30 分钟

原料

面粉 250 克
水 120 克
酵母 3 克
葱花适量
盐少许
食用油少许
花椒粉少许

做法

1 水溶解酵母后加入面粉中，揉成光滑的面团，盖保鲜膜，室温发酵至原来的 2 倍大。

2 将面团擀开成面皮，大约 0.5 厘米厚，表面刷一层油，撒上盐、花椒粉和葱花。

3 将面皮卷成长柱；用刀切成大约 3 厘米宽的面剂；每两个面剂为一组，上下摞起来。

4 手拿着面剂两端轻轻拉开，左手不动，右手向下扭转面剂。

5 将右手的面剂端部与左手的面剂端部粘在一起，黏结处向下放，盖保鲜膜，发酵至原来的 1.5 倍大。

6 蒸锅烧开水后上屉，再次上汽后蒸 2 分钟，转中小火蒸 10 分钟关火，闷 3 分钟开锅即可。

手轻轻握住面剂两端。

轻轻拉长面剂。

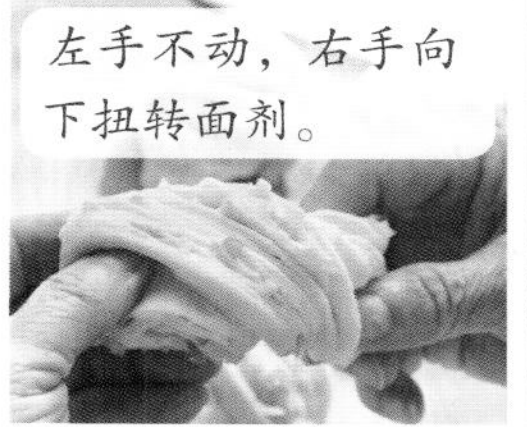
左手不动，右手向下扭转面剂。

将面剂两端粘在一起。

一次成功小妙招
将银丝卷在凉水锅中放置半小时，再开火蒸熟，这样更省事，卷子也会松软。

 蒸　 香甜　3 小时

银丝卷

银丝卷以制作精细、面内包以缕缕银丝而闻名。除蒸食以外，还可入炉烤至金黄色，别有一番风味。

原料：

面粉 580 克
水 280 克
酵母 5 克
食用油少许

1 水加入酵母调匀后，倒入面粉中，揉成面团，盖保鲜膜，室温发酵至原来的 2 倍大。

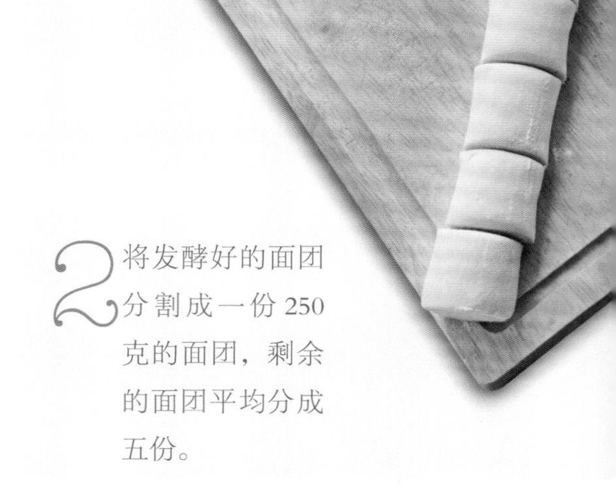

2 将发酵好的面团分割成一份 250 克的面团，剩余的面团平均分成五份。

蒸好的银丝卷色泽洁白，入口柔
和香甜，松软绵润。

3 将250克的面团擀成2~3毫米厚的面皮，折叠，切成细面条状，表面刷少许油，以防粘连。切好的细面条分五份。

4 剩余五份面团中取一个面团，擀成约3毫米厚的长方形面皮，将一份细面条包入面皮中，收口处朝下，放入笼屉发酵至原来的1.5倍大，开火烧至上汽，大火蒸3分钟，转中火10分钟，关火闷3分钟即可。

香喷喷的肉龙，老少皆宜。

肉龙是一种经过蒸制的含馅料的酱香型发面面食，十分美味。

肉龙

原料

面粉 250 克
水 120 克
酵母 3 克
猪肉馅适量

做法

1 水溶解酵母后加入面粉中，揉成光滑的面团，盖保鲜膜，室温发酵至原来的 2 倍大。

2 将面团擀成面皮，大约 0.5 厘米厚，表面铺上猪肉馅。

3 将面皮卷成长柱，放入蒸锅并盖保鲜膜发酵至原来的 1.5 倍大。

4 蒸锅烧开水，上汽后蒸 2 分钟，转中小火蒸 15 分钟关火，闷 3 分钟即可。

美味小贴士

肉馅搅前需要用甜面酱腌好。

一次成功小妙招
可在面糊中加入牛奶、
椰汁等，以变换口味。

蔓越莓玉米发糕

现代人越来越追求健康，因此会在主食中增加粗粮，那就来试试这款添加了粗粮制作出来的“蔓越莓玉米面发糕”吧。与面粉配比制作的玉米面发糕摆脱了粗糙的口感，散发着那种淳朴自然的粮食香味，细细品尝，有股淡淡的甜香。

原料：

玉米面 50 克
水 105 克
普通面粉 100 克
蔓越莓 40 克
酵母 3 克
糖 15 克

1 酵母用水溶解，加入糖搅匀。

2 加入普通面粉、玉米面和切碎的蔓越莓，用筷子搅成团，至没有干粉的状态即可，无须过度搅拌。

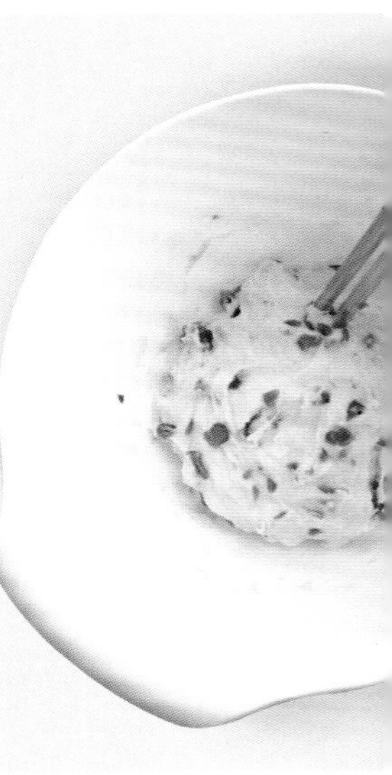

酸甜的蔓越莓搭配松软的发糕，营养又美味。

3 在蒸发糕的容器中抹一层薄油或铺上油纸，将搅拌好的发糕面团放入容器中，盖保鲜膜发酵至原来的2倍大。

4 蒸锅烧开水，水量要足，将发糕放入锅中，大火蒸25分钟关火，闷2分钟即可。

做发糕的面糊不要太稀，
面粉量太少的话，发酵的
效果也不会太好。

发糕是以面粉为主要原料制成的传统美食，是一种大众化的面食。其味清香，营养丰富，甜度可自行调节，尤其适合老人、儿童食用。

双色发糕

黄色原料

熟南瓜泥 35 克
水 70 克
低筋面粉 160 克
酵母 3 克
糖 15 克

紫色原料

熟紫薯泥 125 克
水 70 克
低筋面粉 165 克
酵母 3 克
糖 15 克

其他

红枣 3 颗

黄色部分做法

1 酵母加水溶解，加入蒸熟的南瓜泥和糖拌匀。

2 加入低筋面粉用筷子搅成面团。

3 容器内铺油纸或刷一层薄薄的油。

4 将黄色面团铺在容器底部，手指蘸少许水，轻轻压平。

紫色部分做法

1 酵母加水溶解，加入蒸熟的紫薯泥和糖拌匀，再加入低筋面粉用筷子搅成面团。

2 将紫色面团铺在黄色面团上，手指蘸少许水，轻轻压平；容器表面盖保鲜膜，发酵至原来的 2 倍大。

3 将红枣切开，去核，放在发糕表面；锅内烧开热水，在箅子上放入发糕，盖上锅盖，大火蒸 30 分钟，关火闷 2 分钟即可。

美味小贴士

用低筋面粉做发糕，口感更松软。

一次成功小妙招

夏天推荐室温发酵，需加盖或盖保鲜膜；冬天推荐蒸锅发酵或者烤箱发酵，烤箱里面放一碗水，并加盖或盖保鲜膜，防止表面干裂。

蒸　香甜　2 小时

黑米发糕

黑米营养丰富，有补血滋阴的功效。做成黑米发糕营养更加丰富，口感蓬松，也很适合给小孩、老人做主食。

原料：

黑米 50 克
水 110 克
低筋面粉 125 克
牛奶 40 克
酵母 3 克
红枣 6 颗

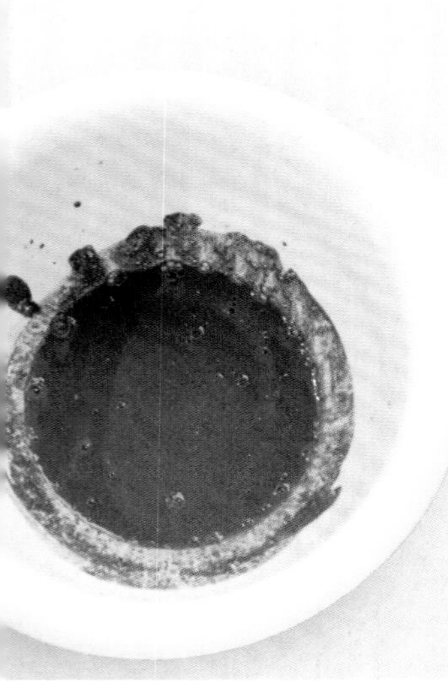

1 黑米清水冲一下，加 110 克水浸泡 2 小时，泡好的黑米连带泡米水用料理机打成米浆，加入酵母和牛奶。

2 加入低筋面粉，用筷子搅成团至没有干面粉的状态即可。

红枣可用核桃仁、瓜子仁等坚果代替。

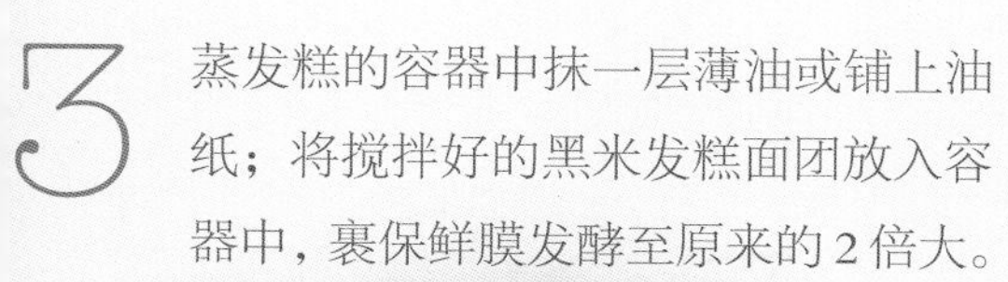

3 蒸发糕的容器中抹一层薄油或铺上油纸；将搅拌好的黑米发糕面团放入容器中，裹保鲜膜发酵至原来的2倍大。

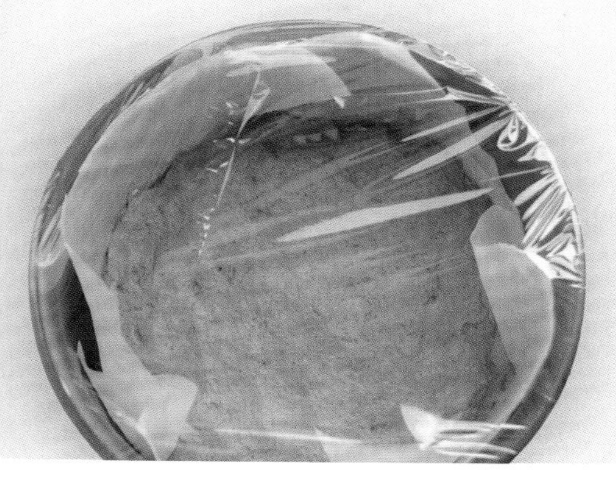

4 在发好的米糕上摆上去核的红枣；蒸锅烧开水，水要足，将米糕放入锅中，大火蒸25分钟关火，闷2分钟即可。

第四章 包子、水煎包，带馅儿的传统美味

包子成型的方法

圆形包子成型方法

1 将馅料放入面皮中间，左手手掌托住包子皮与馅，右手拇指与食指捏包子皮边缘。

2 右手拇指保持不动，食指逐个沿着包子皮的前方捏到拇指处。

3 边捏边轻轻向上提拉。

4 将包子皮边缘全部捏完，收口掐紧即可。

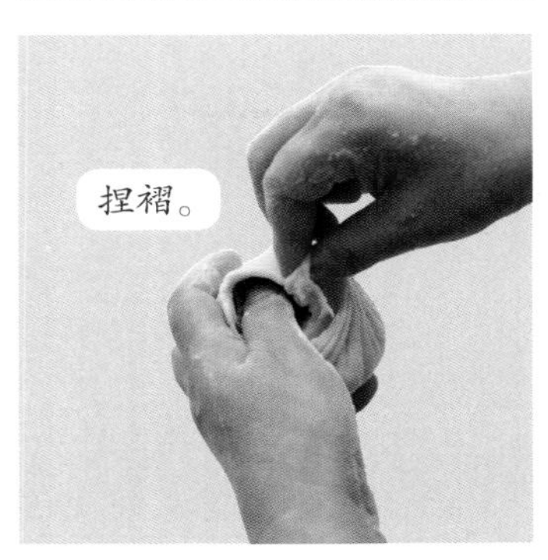

麦穗包子成型方法

1 将馅放入面皮中间，左手拢住包子底部与馅，右手拇指与食指捏包子皮。

2 将包子皮略微对折。

3 用右手拇指与食指沿着包子皮由下至上，交替捏包子皮边缘，形成麦穗状。

4 将包子边缘全部捏完，收口捏紧即可。

放入馅料。
面皮对折。
交替捏皮呈麦穗状。
完成。

最简单包子成型方法

1 将馅放入面皮中间。

2 手掌托住包子皮与馅。

3 将包子皮对折，沿着边缘捏紧即可。

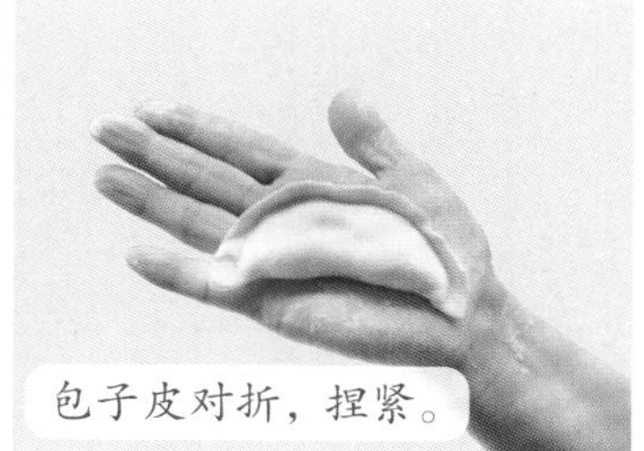

包子皮怎么擀，皮薄不漏馅儿

包子面剂分割好后，用擀面杖沿着面剂边缘擀成圆形。包子皮中间要厚，边缘较中间要薄，这样在中间厚的部位放入包子馅，不会漏馅；边缘比较薄，包子褶皱皮就会薄一些。

将面剂分成均匀大小。

用擀面杖擀成圆形的面皮。

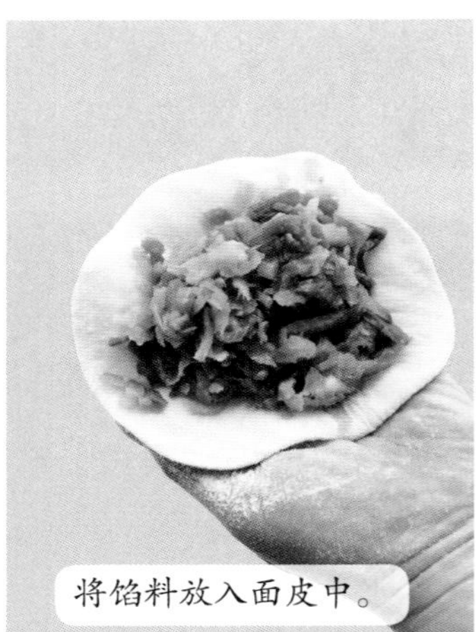

将馅料放入面皮中。

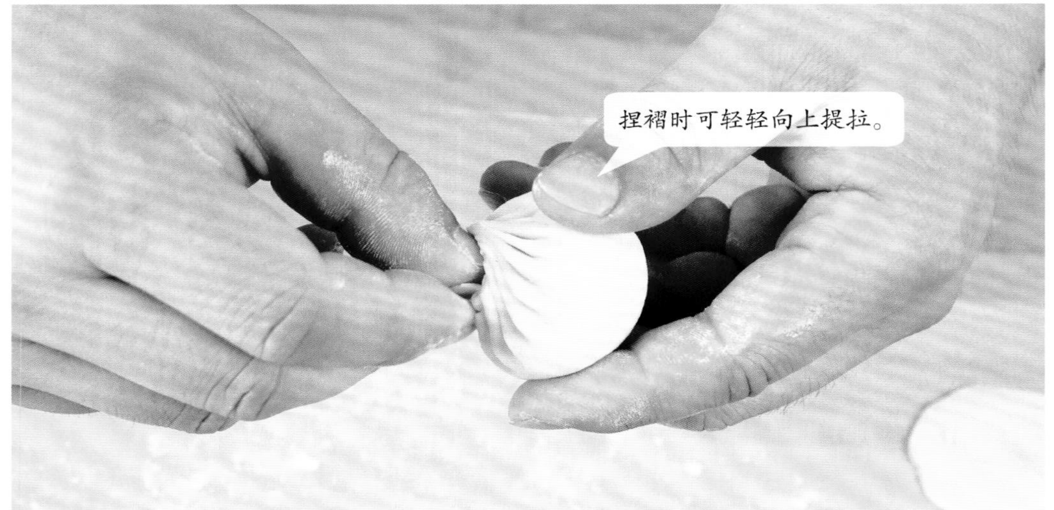

捏褶时可轻轻向上提拉。

如何蒸包子不塌陷

包子皮最好中间厚周边薄，才不塌陷。

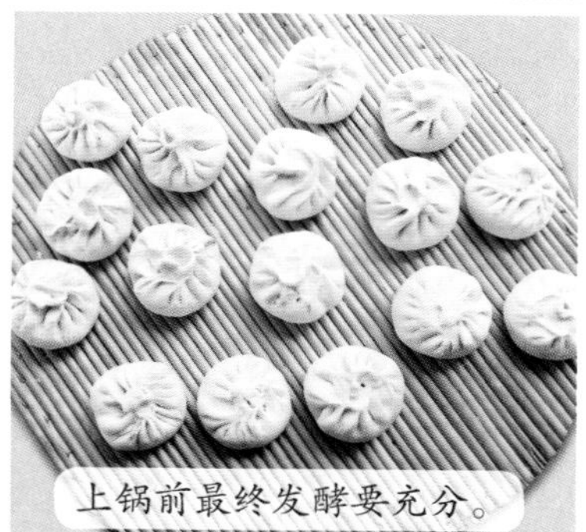
上锅前最终发酵要充分。

蒸笼上铺一些玉米叶等，包子才不粘锅。

关火后再闷 3 分钟。

注意以下几个点，蒸包子基本不会塌陷。

1 包子皮中间不要太薄。

2 包好的包子要盖上布或者保鲜膜发酵。

3 发酵好的包子要比之前大 1 倍左右，面皮看起来胖乎乎的。

4 蒸笼要铺一层东西，如麦秆、玉米叶、布或者油纸，防止包子粘在蒸屉上。

5 包子要轻轻移动到蒸屉上，每个包子之间要留一定的膨胀空间。

6 包子蒸好了后不要立刻开盖，要关火后闷 3 分钟。

7 开盖时要轻，避免盖上的水珠滴到包子上。

馅不宜调的太稀软，不利于包制。若太稀软也可放冰箱保鲜半小时以上，使其变硬一些。

白菜肉丁包是肉包里较常见的一种，做起来既简单又好吃。咬一口既能感受到肉醇厚的香味，又有白菜鲜嫩爽脆的口感。

白菜肉丁包

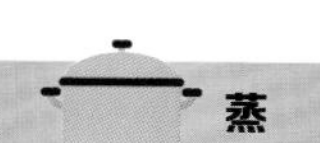
蒸
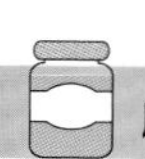
咸

3小时

原料

A：面粉 240 克
水 115 克
酵母 3 克
糖 3 克

B：猪五花肉 70 克
猪颈背肉 200 克
花雕酒 10 克
老抽 10 克
生抽 5 克
蚝油 10 克
白菜 320 克
盐 5 克
葱姜油 20 克
虾仁 60 克
干贝 10 克

做法

1 原料 A 中的酵母加水溶解后倒入面粉中，加入糖揉成光滑的面团，盖保鲜膜后发酵至原来的 2 倍大，内部呈蜂窝状。

2 发面时制作馅，将猪五花肉和猪颈背肉切小块，用花雕酒、老抽、生抽和蚝油腌制 30 分钟。

3 白菜切小块，加入盐拌匀后腌 30 分钟，然后挤出水分。

4 将白菜加入到腌好的猪肉块中，加入葱姜油、虾仁、干贝拌匀，制成包子馅。

5 发好的面取出，轻轻挤压面团排气，分割成 6~8 个大小均匀的面剂。

6 取一个面剂擀成包子皮，放入馅，包成包子并盖布发酵至原来的 1.5 倍左右大小。

7 包子装入蒸屉，放进烧开水的蒸锅上，盖上锅盖，大火再上汽蒸 3 分钟，转中火蒸 15 分钟，关火焖 3 分钟，开盖即可。

美味小贴士

白菜和肉可切块，也可剁成泥。

一次成功小妙招

笼屉上铺湿布，水沸后把包子放入笼屉，待再次上汽后开始计时，大火蒸5分钟后转中小火蒸10分钟左右。关火后再闷2~3分钟开盖取出即可。

蒸

咸香
3小时

白萝卜猪肉包

白萝卜猪肉包馅多汁，较嫩，非常适合儿童和老人食用。

原料：

A：白萝卜600克
猪肉泥240克
花雕酒6克
生抽6克
蚝油3克
葱油20克
盐6克
虾仁40克

B：面粉340克
酵母5克
清水160克

1 在猪肉泥中加入花雕酒、蚝油、生抽搅拌均匀，白萝卜切成丝后放入沸水中再次煮沸，捞出过凉水。

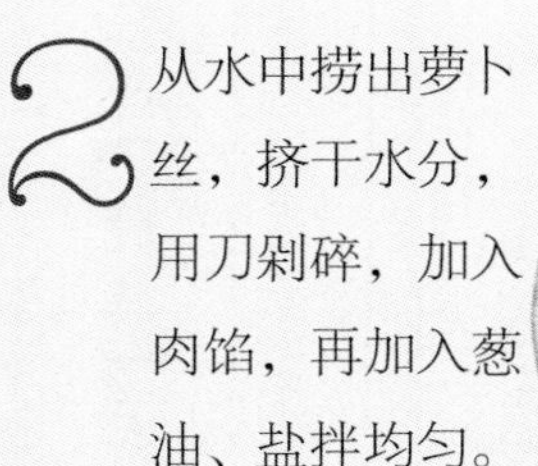

2 从水中捞出萝卜丝，挤干水分，用刀剁碎，加入肉馅，再加入葱油、盐拌均匀。

白萝卜具有促进消化的作用，和
猪肉搭配也可中和猪肉的油腻。

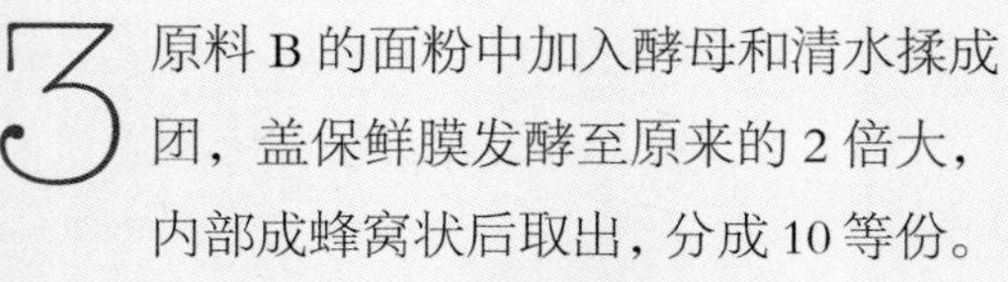

3 原料 B 的面粉中加入酵母和清水揉成团，盖保鲜膜发酵至原来的 2 倍大，内部成蜂窝状后取出，分成 10 等份。

4 取其中一份面团揉成剂子，擀成 2~3 毫米厚的面皮，中间略厚一些，包入调好的馅料，收口。盖保鲜膜室温发酵至原来的 1.5 倍大左右，上锅蒸熟即可。

豆角猪肉包

包子的做法大抵相同，但馅料多种多样，豆角猪肉包就是其中非常好吃的一种，做法如下。

原料：

A：面粉 270 克
酵母 3 克
清水 130 克

B：猪肉糜 180 克
长豆角 270 克
虾米 5 克
大蒜 10 克
葱姜油 30 克
花雕酒 5 克
生抽 5 克
蚝油 3 克
盐 4 克

1 原料 A 的清水中加入酵母，搅匀后加入面粉，揉匀成面团，盖保鲜膜，室温发酵至原来的 2 倍大，直至内部呈蜂窝状。

2 发面时制作馅，长豆角洗净，切成小丁，大蒜去皮切成末。

清新爽脆的豆角搭配猪肉，荤素结合，好吃不油腻。

3 锅中放入葱姜油加蒜末炒香，加入豆角丁炒至断生，关火冷却，肉泥中加入所有调味料搅匀，再加入冷却的豆角丁，放入虾米，搅拌均匀。

4 取出发酵好的面团，轻轻排气，按所需大小分成等份，擀成 2~3 毫米厚的面皮，中间略厚，放入调好的馅料包起，室温发酵至原来的 1.5 倍，上锅蒸熟即可。

一次成功小妙招

当面已涨发时，要掌握好发酵的程度。如见面团内部已呈蜂窝状，有许多小气泡，说明已经发酵好。

蒸　咸香　3 小时

胡萝卜包

胡萝卜富含B族维生素和胡萝卜素，对视力有很好的保护作用，家中若有小孩，可以常做胡萝卜包，味道甘甜，孩子容易接受。

原料：

A：胡萝卜 600 克
干虾皮 2 克
泡发粉丝 60 克
葱姜油 30 克
香油 20 克
花椒粉适量
盐适量

B：面粉 340 克
酵母 5 克
清水 160 克

1 胡萝卜去皮，切成丝。

锅烧热后放入葱姜油、干虾皮，炒香后放入胡萝卜丝，炒至胡萝卜微微发软，关火，冷却。

胡萝卜也可以和其他馅料一起搭配，如猪肉、牛肉等。

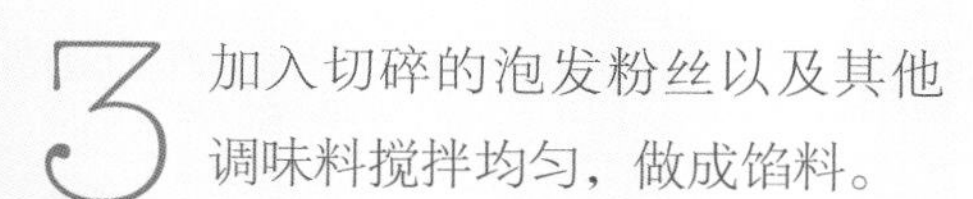

3 加入切碎的泡发粉丝以及其他调味料搅拌均匀，做成馅料。

4

原料 B 的清水加酵母，搅匀后加面粉，揉匀成面团，盖保鲜膜，室温发酵至原来的 2 倍大。取其中一份面团揉成剂子，擀成面皮，包入馅料，收口。盖保鲜膜，室温发酵至原来的 1.5 倍左右，上锅蒸熟即可。

一次成功小妙招
由于面粉的吸水性不同，加入的水量要酌情增加或者减少。

酱肉包

酱肉包子是一道美味的小食，味道咸甜，做法简单，老幼皆宜。

原料：

A：五花肉 150 克
猪颈背肉 300 克
甜面酱 100 克
花雕酒 30 克
白酒 6 克
葱油 10 克

B：面粉 270 克
水 130 克
酵母 3 克

1 将猪肉切成小块，加入所有调味料搅拌均匀，盖上保鲜膜放入冰箱，腌制 30 分钟。

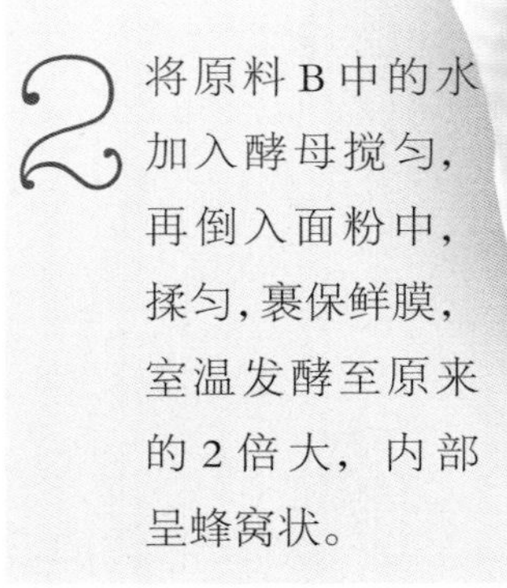

2 将原料 B 中的水加入酵母搅匀，再倒入面粉中，揉匀，裹保鲜膜，室温发酵至原来的 2 倍大，内部呈蜂窝状。

酱的咸甜和肉的浓香结合，吃起来肥而不腻，香味更加浓郁。

3 取出面团，轻轻排气，分割成6~8个，取一个面剂，擀成2~3毫米厚的面皮。

4 中间略厚，包入包子馅，收口处捏紧，室温发酵至原来的1.5倍左右大，上锅蒸制。笼屉上铺湿布，水沸后把包子放入笼屉，待再次上汽后开始计时，大火蒸5分钟后转中小火蒸10分钟左右。蒸好后再闷2~3分钟开盖取出即可。

蘑菇包因形似蘑菇而得名，小巧玲珑，口感香甜。

蘑菇包是一款由广州面点师傅研究出来的新式面点，外观讨喜，味道香甜，非常适合全家食用。

蘑菇包

原料

面粉 235 克
牛奶 115 克
酵母 3 克
糖 5 克
泡打粉 2 克
可可粉少许
豆沙馅适量

做法

1 酵母加牛奶溶解后倒入面粉中，加入糖和泡打粉揉成光滑的面团，盖保鲜膜或棉布发酵至原来的 2 倍大，内部呈蜂窝状。

2 取出发好的面，轻轻挤压面团排气，分割成 10 个 30 克的面剂和 10 个 5 克的面剂。

3 取一个 30 克的面剂擀成包子皮，放入豆沙馅。

4 将包子收口，收口处捏紧并将包子顶部粘上可可粉，收口处冲下，制成蘑菇伞。

5 将 5 克面剂搓成圆锥状，制成蘑菇蒂，和蘑菇伞同时发酵至原来的 1.5 倍大。

6 包子装入蒸屉，放进烧开水的蒸锅里并盖上盖子，大火再次上汽蒸 3 分钟后转中火蒸 10 分钟，关火闷 3 分钟开盖。

7 取一个蘑菇伞，底部用筷子戳一个洞，然后将蘑菇蒂尖的部分塞进洞里，组合成蘑菇状即可。

包子皮里包入豆沙馅。

包子顶部粘上可可粉。

蘑菇伞和蘑菇蒂同时发酵至 1.5 倍大小。

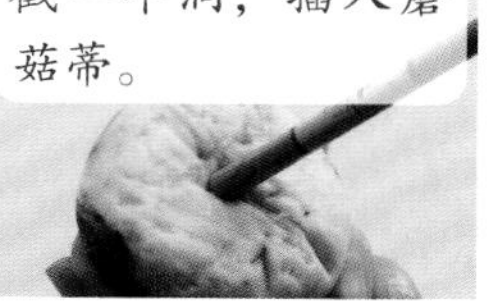
蘑菇伞底部用筷子戳一个洞，插入蘑菇蒂。

破酥包的馅有甜有咸，有荤有素，
营养丰富，好吃不腻。

破酥包的馅心是咸甜夹杂的独特味道，咬一口让人回味无穷。吃到嘴里油而不腻，柔软松酥，满口盈香，给人一种不咀嚼就会融化之感。

破酥包

原料

A：面粉 270 克
水 130 毫升
酵母 3 克

B：面粉 100 克
猪油 50 克

C：咸蛋黄适量
沙拉酱少许
肉松适量
豆沙馅适量

做法

1 原料A中的酵母加水，调匀后加入面粉中，调成棉絮状，揉成光滑的面团，盖保鲜膜，室温发酵至原来的2倍大。

2 原料 B 的猪油加面粉揉匀破酥待用，将发酵好的原料 A 制成的面团分割成 8~10 个等份剂子，用原料 B 制成油酥面团也分成 8~10 份。

3 用原料 A 的面皮包入原料 B 的油酥，收口处捏紧。用擀面杖将面团擀开呈牛舌状，从上至下卷起，盖保鲜膜，松弛 15 分钟。

4 将松弛好的面团重复上一个擀卷步骤，再次松弛。将再次松弛好的面团两边折叠，擀成圆形，包入事先制作好的馅料中，像包包子一样收口。包好的包子盖保鲜膜，室温发酵至原来的 1.5 倍大。

5 锅中烧开水，将包子放入锅中，盖好盖子，再次上汽后转中火蒸 10 分钟左右，关火闷 2 分钟后即可。

馅料的制作

原料 C 的肉松加入沙拉酱中调匀，咸蛋黄外裹一层沙拉酱肉松，然后用豆沙馅包起，滚圆制成馅。

青萝卜热量少，纤维素多，而且
清香爽口，可中和猪肉的油腻。

很多人以为青萝卜做包子馅料会出很多汁水，不好吃。但实际上青萝卜用来做馅的话是需要焯熟后挤出水分的，这样做出来的包子馅就不会有很多汁水，更容易包制。

青萝卜猪肉丁包

蒸　咸香　3 小时

原料

A：面粉 340 克
酵母 5 克
清水 60 克

B：青萝卜 450 克
猪五花肉 100 克
花雕酒 5 克
老抽 5 克
生抽 5 克
蚝油 5 克
盐 4 克
五香粉 5 克
葱姜油 15 克

做法

1 原料 A 中的酵母加清水溶解后，倒入面粉中揉匀，盖保鲜膜，发酵至原来的 1.5 倍大，取出再次揉光滑，盖保鲜膜保松弛。

2 猪肉切成块后加入花雕酒、蚝油、老抽、生抽搅拌均匀，腌制 15 分钟左右。

3 青萝卜洗净后擦成丝，放入沸水中焯水，捞出过凉，然后挤干水分，用刀将青萝卜丝大致切成几小段，放入腌肉中，加入盐、五香粉、葱姜油搅拌均匀。

4 将面团取出分成 5 等份，擀面皮并放馅，包成包子，饧 20 分钟，大火烧开水，上锅蒸，再次上汽，转中小火蒸 15 分钟，再关火闷 2 分钟即可。

美味小贴士

青萝卜除了可以与猪肉搭配，还可以与粉丝、虾皮、煎豆腐调成馅。

第五章 饼、盒子、锅贴，平底锅里的美味

面糊摊饼，快速美味的香软面食

面糊摊饼是用面与水调制成比较浓稠的面糊，在平底锅上摊制成熟的饼。面糊中也可加蔬菜或海鲜，既有营养又可丰富口感。葱香蛋饼、土豆饼等均属于面糊摊饼。

面粉中加入适量水，搅拌均匀。

在面糊中加入鸡蛋。

搅拌均匀，呈黏糊状即可。

在面糊中加入新鲜的蔬菜，摊出来的饼会更有营养，也更好吃。

怎么煎锅贴不吃油

煎锅贴或者炉包时，在锅底放少许油，先把面食底部煎至上色，然后再加水，用水煎的方法将面食煎熟。这样的锅贴或者炉包油会比较少，吃起来不会太油腻。

煎炉包时，煎至底部上色再加少许水。

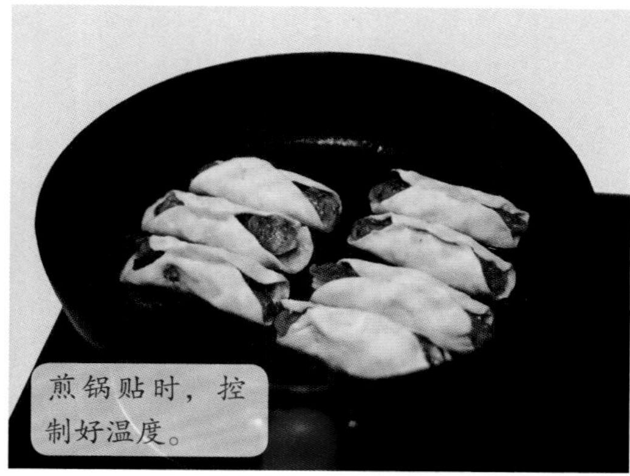

煎锅贴时，控制好温度。

水加一点点面粉调成稀薄的水糊倒入锅内，煎出的炉包或锅贴就会有一层漂亮的晶花。

烤箱、平底锅，电饼铛都可以进行烘烤。

油酥火烧作为一种多层次的面食，口感酥脆，层次丰富，很适合搭配馄饨或肉汤食用。

油酥火烧

原料

A：普通面粉 a 300 克
普通面粉 b 70~80 克
酵母 10 克
水 150~170 克
白芝麻适量

B：普通面粉200克
花生油适量
盐少许
其他手粉适量

做法

1 主面团中的酵母放入水中静置一会待其自然溶化，然后倒入面粉 a 中，混合成比较软黏的面团。

2 盖保鲜膜，放在温暖处发酵至原来的 2 倍大，面团内部呈蜂窝状。发酵好的面取出，少量多次加面粉 b，揉成不黏手又柔软的面团后分割成两块揉圆，盖保鲜膜静置 10 分钟。

3 发酵时制作油酥，原料 B 中的面粉加盐混合，然后徐徐加入花生油，边加边搅拌，最后成为不稀软无干粉的油酥团，分两份待用。

4 取一块主面团，擀成圆形，将一份油酥放在面皮中间，略微压散，将油酥包起，收口处捏紧，将面擀成长方形，大约 0.5 厘米厚，长边冲着自己，从下往上或从上往下卷起。

5 将长方形面团切成大约每个宽 4 厘米的剂子，将面剂子擀开，两边各 1/3 处向内折，成为 3 层，继续擀开，再将两边 1/3 向内折，成为 3 层。

6 正面撒白芝麻，略微将芝麻用擀面杖擀进面里，饼不要擀太薄，大约 1 厘米厚即可。

7 盖保鲜膜，置入温暖处发酵至原来的 1.5 倍大小，烤箱以 180℃烤 15 分钟左右，饼里面熟透，表面金黄即可。

美味小贴士

除了用烤箱烤，平底锅小火烙至两面焦黄也是很好吃的。

春饼可以烙，也可以蒸。
烙的香，蒸的软。

小时候最爱“咬春”，把春天里的各种新鲜菜卷在春饼里，一口咬下去，满口过瘾！

春饼

原料

A：面粉 130 克
冷水 35 克
沸水 50 克

B：里脊肉 150 克
咕咾汁 60 克
蚝油 5 克
食用油适量
胡萝卜适量
黄瓜适量
葱白适量

做法

1 面粉边加沸水边搅拌，再加入冷水揉光滑；将面团分割成 12 份，取一份擀成大约 1 毫米厚的春饼生胚；

2 蒸屉铺上打湿的笼布，烧开水；放入一张擀好的春饼生胚，盖上锅盖中火蒸；接着擀剩余的生胚，每擀好一张就放入锅里一张，直到所有饼都入锅，继续蒸 3 分钟；

3 里脊肉切成丝，加入咕咾汁和蚝油腌 30 分钟；锅烧热加食用油，将腌好的肉炒熟盛出，胡萝卜、黄瓜和葱白切丝；

4 取一张蒸好的春饼中间铺上肉丝和蔬菜丝，卷起即可。

擀成大约 1 毫米厚的春饼生胚。

春饼生胚蒸好后注意保温。

里脊肉加入咕咾汁和耗油腌制。

食材卷入春饼内即可。

美味小贴士

春饼要一张一张的擀，一张一张的逐个蒸，这样才不会粘在一起，另外蒸好以后立刻一张张的取出使其分离，并用干布盖好保温，可以避免冷却后变干。

小妙招
一次成功
面糊的状态决定饼摊好后的软硬程度。

 煎  咸香  20 分钟

香煎蛋饼

香煎蛋饼是以鸡蛋为主要食材制作，以盐、油等为辅助原料而成的一款煎饼，口感软嫩，适合做早餐。

原料：

鸡蛋 3 个
水 110 克
面粉 50 克
盐适量
油适量
番茄蓝莓沙司适量

做法

1 鸡蛋打散；加入盐和 20 克清水打匀；

2 加入面粉搅匀；加入剩余的 90 克水充分搅匀；

3 平底不粘锅加入少许油中火烧热，舀一大勺调好的糊，迅速转动锅子使糊均匀摊开；

4 中小火加热至蛋饼边缘翘起，晃动锅子使蛋饼能轻松脱离锅子，迅速翻面；待另一面加热至金黄，即可出锅；

5 出锅后蛋饼表面挤上番茄蓝莓沙司或撒上肉松即可。

鸡蛋加盐、清水搅匀。

加入面粉搅匀。

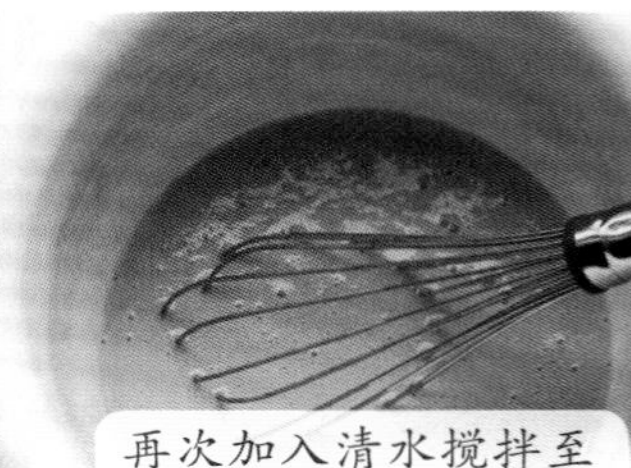
再次加入清水搅拌至无面疙瘩。

也可以在饼上撒一些肉松，搭配着吃味道更好。
将面糊在锅底摊平。
蛋饼出锅后淋上番茄蓝莓沙司即可。
红果家
番茄蓝莓沙司

一次成功小妙招

最好等鸡蛋凉透后再加入韭菜。

煎　咸香　40 分钟

韭菜盒子

韭菜盒子是以韭菜、鸡蛋、面粉为主要食材制作而成的美食，是中国北方地区如山东、河南、河北、山西、陕西、东北三省等地非常流行的传统小吃，在有些地区也是节日食物。

原料：

韭菜 500 克
鸡蛋 2 个
虾皮 20 克
盐适量
食用油 30 克
水 85 克
面粉 175 克

1 面粉加水揉成光滑面团，室温下松弛 30 分钟。将饧好的面团分成每个约 35 克大小的剂子，擀薄成 1~2 毫米厚的面皮，注意薄厚要一致。

2 韭菜洗净，切成约 0.5 厘米的小段。入油，加入鸡蛋液滑炒至蛋碎，关火加入盐、虾皮，待鸡蛋凉后加入韭菜一起拌成馅料。取适量馅料放在面皮上

表皮柔韧有度，馅香味鲜，但韭菜不易消化，不可过度食用。

3 对折饼皮，收口处一定要压紧。

4 将平底锅烧热，放入盒子，盖上锅盖，中小火加热，烙至两面上色即可。

土豆饼外脆里嫩，非常美味，可代替主食。

土豆饼是一道以土豆为主要食材制作而成的美食，加以葱花调味，味道特别好。

土豆饼

原料

土豆 660 克
面粉 100 克
盐 6 克
葱 70 克
鸡蛋 1 个
食用油适量
番茄沙司适量

做法

1 将土豆去皮切成丝后放入清水中投洗一遍，捞出控干，加入盐、鸡蛋、面粉以及切碎的葱花拌匀。

2 不粘锅烧热，加油没过锅底，放入调好的土豆糊，用锅铲将土豆饼摊薄，用中小火煎至两面金黄即可。可蘸蒜泥醋汁或番茄沙司食用。

小妙招

土豆饼蘸蒜泥更下饭哦！蒜泥可加米醋和少许生抽调匀。

鸡蛋灌饼色泽金黄，咸香酥脆，
是学生和上班族的早餐首选。

鸡蛋灌饼是用鸡蛋、面粉为主要原料制作成的一道小吃，通常被用来作早餐，有蛋、有面、有青菜，既有营养，制作又方便，很受大家欢迎，是河南、河北、山东、山西地区的风味小吃之一。

鸡蛋灌饼

原料

A：面粉 200 克
盐 1 克
沸水 45 克
冷水 75 克

B：花椒粉 1 克
面粉 10 克
食用油 10 克
盐 1 克

C：鸡蛋 1 个
盐少许
食用油适量

做法

1 原料 A 中的面粉加盐搅匀，冲入沸水，边冲边搅拌，加入冷水揉成光滑的面团，裹保鲜膜松弛 30 分钟。

2 将原料 B 中花椒粉、面粉、油及盐搅拌均匀制成油酥。

3 取面团分成 5 份，取一份按扁，包入混合好的油酥，收口处捏紧；案板及饼坯表面撒上面粉防止粘连，用擀面杖将饼坯擀薄，大约 2 毫米厚。

4 平底锅倒入适量油烧热，将饼放入锅中，用中小火烙，待饼中间起鼓，用筷子戳开。

5 将原料 C 中的鸡蛋打散加少许盐，倒入戳开的饼口里；待蛋液略微凝固后翻面烙至金黄出锅。

6 烙好的鸡蛋灌饼可以直接食用，也可以刷上辣椒酱、甜面酱、沙拉酱或番茄酱，夹上生菜和煎好的香肠，卷起享用。

美味小贴士

面团要做得软一些，如果觉得粘手的话，可以在手上或案板上抹点油，也可撒点面粉。

一次成功小妙招
现包的锅贴汁水丰富，口感鲜香，煎的时候尽量煎干锅底水分，外皮又脆又有韧性。

猪肉虾仁锅贴

锅贴是中国著名的传统小吃。制作精巧，味道可口，可根据季节配以不同新鲜蔬菜。下面介绍猪肉虾仁锅贴的制作方法。

原料：

A：猪肉糜 250 克
水 65 克
料酒 10 克
生抽 20 克
老抽 2 克
葱姜油 35 克
盐 3 克
大虾仁 200 克

B：面粉 400 克
水 200 克
盐 1 克

C：面粉 3 克
水 300 克

1 将原料 B 中的原料揉合成光滑的面团，盖保鲜膜松弛 30 分钟。

2 原料 A 的猪肉糜加水搅拌至上劲，加
料酒、生抽、老抽、葱姜油和盐充分搅

面粉水糊不需要调太厚，否则煎好的锅贴底部太厚，不脆。

大虾仁去虾线，加入极少的盐，腌一下，将调好的肉馅放在面皮中间，放入一只虾仁。

4 收口处捏紧，逐个将锅贴包好；平底锅中加入少许油，烧热后摆上包好的锅贴，中火加热至锅贴底部金黄。

5 原料C中的面粉和水调成面粉水，倒入锅中，盖上锅盖大火加热至开锅，中火加热至水干，底部金黄即可。

喜饼外皮酥脆，里面暄软，带着浓浓的蛋香、奶香。

喜饼，中国民间婚嫁赠礼，以鸡蛋、牛奶以及油调和的面为主要原料，色泽金黄诱人，口味甘甜，非常好吃。

喜饼

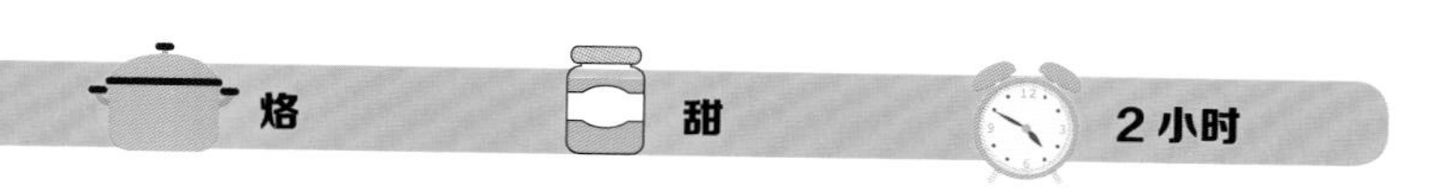

原料

普通面粉 700 克
鸡蛋液 250 克
花生油 100 克
白糖 85 克
牛奶 100 克
酵母 8 克

做法

1 牛奶加热至微微温，放入酵母溶解。

2 面粉加入鸡蛋液、白糖，慢慢交替加入酵母牛奶和花生油，揉至光滑，盖保鲜膜，发酵至原来的 2 倍大。

3 将面团充分排气，分割成 60 克~80 克重的面团，并且揉至滚圆，盖保鲜膜松弛 15 分钟。

4 将松弛好的面坯擀成 1 厘米厚的饼坯，盖保鲜膜发酵至原来的 1.5 倍大。

5 平底锅盖着锅盖以小火慢慢烙饼，一面烙金黄后翻面烙另一面，饼两面都金黄后，用夹子辅助将饼边滚烙成金黄色即可。

美味小贴士

烙饼时用不粘锅会比较方便。

一次成功小妙招
家中有电饼铛的，可以
用电饼铛代替平底锅。

肉火烧

肉火烧是山东、东北、河北等地著名的传统小吃。其口感外酥内软，肉馅肥而不腻，回味无穷。

原料：

面粉 200 克
酵母 3 克
食用油 8 克
水 105 克
馅料适量（可自选本书中任何一款馅料）

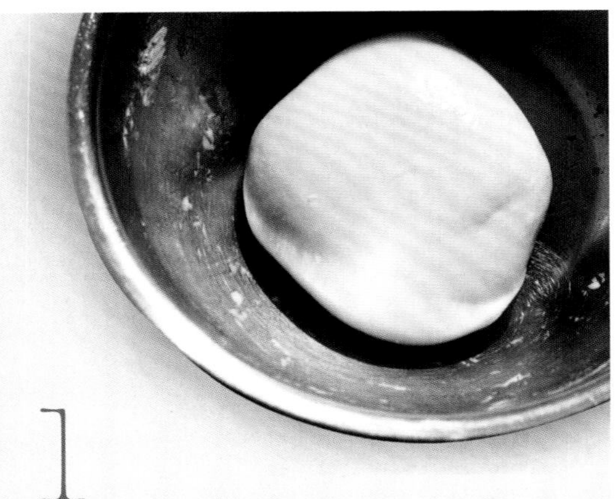

1 酵母加水调匀后倒入面粉中，加入油并揉成光滑的面团。

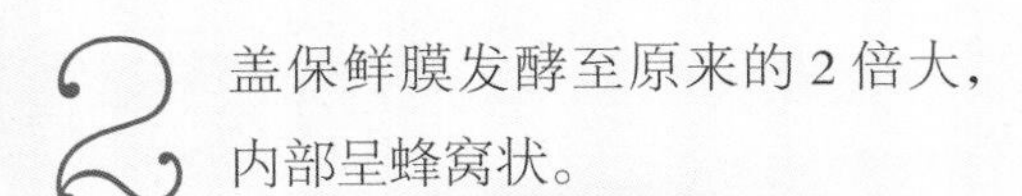

2 盖保鲜膜发酵至原来的 2 倍大，内部呈蜂窝状。

出锅的肉火烧两面金黄，皮酥肉嫩，可搭配清粥食用。

3

案板刷油，将面团分成8~10个等份剂子，取1个剂子擀扁，铺上馅料，像包包子一样收口，放在案板上发酵20分钟。

4

平底锅倒入少许油，将火烧放入锅中，盖上盖子，中火烙至两面金黄，用铲子压饼表面能轻松回弹即可盛出。

炖好的腊汁肉要放在原汤中浸泡至少 2 小时，这样肉的味道会更好。

肉夹馍实际是由两种食物绝妙组合而成：腊汁肉和白吉馍。腊汁肉、白吉馍合为一体，互为烘托，将各自滋味发挥到极致，馍香肉酥，肥而不腻，回味无穷。

肉夹馍

原料

A：普通面粉 500 克
酵母适量
小苏打少许
清水 250 克
食用油适量
盐适量

馍做法

1 酵母加清水静置一会儿，用筷子搅拌至酵母溶化于水中，面粉加小苏打、盐混合均匀，酵母水加入面粉中。

2 混合成粗糙的面团，盖保鲜膜饧 5 分钟；取出面团在案板上充分揉至面团光滑。

3 面团盖保鲜膜发酵至原来的 2 倍左右；取出面团轻轻排气，分成 8~10 个小面团揉圆，表面刷上薄薄的一层油，盖保鲜膜饧 10 分钟。

4 取一个小面团搓成长条，用手掌轻轻按扁，用擀面杖擀开，对折，卷起。

5 收尾处压在饼底，轻轻按扁，盖保鲜膜饧 10 分钟，用擀面杖将饼擀成大约 2 毫米的厚度。

6 锅烧热，将饼放入，盖上锅盖，小火干烙；烙至两面泛黄即可。

美味小贴士

做肉夹馍的面不能太厚，否则没有嚼头，正宗肉夹馍的腊汁肉是不加蔬菜的，若喜欢蔬菜可自行添加。

B：带皮五花肉 1000 克
老卤汁适量（若使用市售卤汁，用量为 2~3 勺）
盐少许
白糖少许
老抽少许
清水适量
香葱碎适量
青尖椒碎适量

腊汁肉及肉夹馍做法

1 带皮五花肉放入清水中浸泡 30 分钟，泡掉血水，中途换水两次。

2 将肉放入老卤汁中，加入适量清水，要没过且高于肉 2 指。

3 大火煮开锅转小火炖 1 小时，加入盐、白糖、老抽，按照自己口味调味调色，继续小火炖 1 小时至肉酥软。

4 取出卤好的腊汁肉，切碎，加入香葱碎、青尖椒碎，搅拌均匀。

5 取一个馍，从中间片开，不切断。

6 将腊汁肉馅夹入馍中，再加入少许卤肉汤即可。

一次成功小妙招

生煎包的汁水来源于皮冻，但如果嫌麻烦可以往肉馅里多加些清水或高汤，这样也可以使肉馅水嫩。

煎

咸香

2小时

水煎包

水煎包底部焦脆，包子较嫩。本书中的水煎包口味多元化，可自行选择书中任意一款包子来做小煎包。

原料：

面粉1克
水250克
油适量
生包子适量（可自选本书中任何一款生包子）

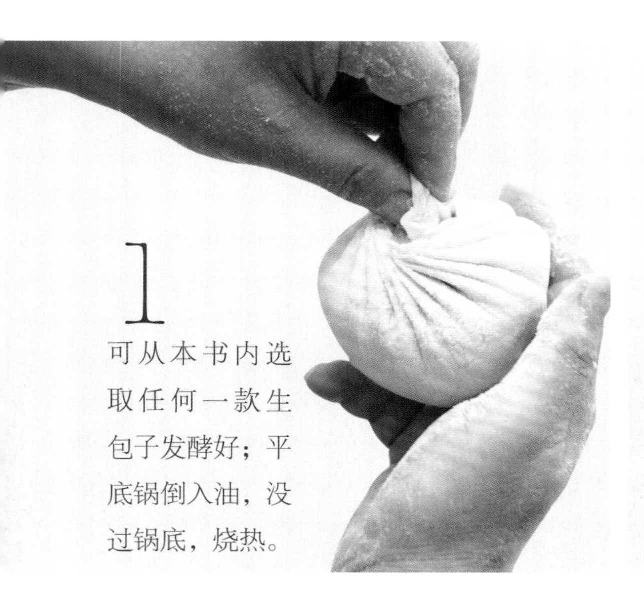

1 可从本书内选取任何一款生包子发酵好；平底锅倒入油，没过锅底，烧热。

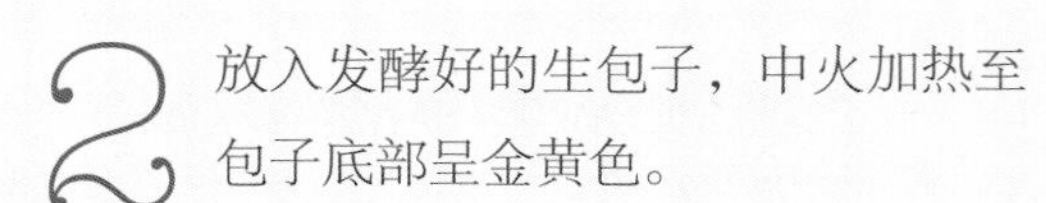

2 放入发酵好的生包子，中火加热至包子底部呈金黄色。

要根据包子的大小来控制加水的量，水太少容易导致包子不熟。

3 1 克面粉加 250 克水调匀，倒入锅中。

4 盖上锅盖用中小火煎 10~12 分钟，至锅内水熬干，关火闷 2 分钟即可。

糖饼由于含糖较多，不可多吃，尤其是糖尿病患者尽量少吃或不吃。

糖饼是被誉为“西秦第一点”的千层油酥饼，色泽金黄，层次鲜明，脆而不碎，油而不腻，香酥适口。

糖饼

原料

A：面粉 270 克
沸水 140 克
冷水 20 克

B：食用油 30 克
面粉 35 克

C：糖 80 克
面粉 10 克

做法

1 原料 A 面粉中加入沸水，边加边搅拌成棉絮状；再加入冷水揉成光滑的面团，盖一块布或者保鲜膜饧 10 分钟。

2 原料 B 中面粉加食用油搅拌均匀制成油酥，取出饧好的面团分成 2~4 份，取 1 份擀薄成面皮，刷上一层油酥。

3 提着面皮松垮地卷起来，切成 4 份，2 份为 1 组，摞叠起来。

4 把面皮擀开后，将原料 C 混合均匀成馅料，放在面皮中央，将面皮像包包子一样将馅包起来，收口处要捏紧，制成饼坯。

5 平底锅中加少许油，中火加热，将做好的饼坯放入，盖上锅盖。

6 中小火加热至一面金黄，翻面加热至另一面金黄即可。

美味小贴士

也可包入豆沙馅制成豆沙酥饼。

第六章 饺子、馄饨，皮薄馅大汤汁浓，够味儿

饺子皮的制作及饺子的简单包法

饺子包法

1 面粉加盐和水，揉成光滑的面团，裹保鲜膜松弛 30 分钟。

2 取出面团分成大小均匀的面剂，取一份滚成长柱状，切成剂子。

3 将剂子摁扁，用擀面杖擀成大约 1 毫米左右的厚度，饺子皮中间略厚一些。

4 中间放入馅，馅越多，饺子肚子越鼓。

5 饺子皮下端向上端折起，先将饺子皮顶端中间捏紧。

6 再用左手拇指与食指压紧饺子左边。

7 用右手拇指与食指压紧饺子右边。

8 两只手的拇指和食指捏紧饺子的两端。

9 用力挤一下，大肚饺子成型了。

10 包好的饺子底部沾少许面粉，放在竹垫上，表面盖一层薄布，防干裂。

饧 30 分钟。
分成大小均匀的面剂。
擀成面皮。
放入馅料。
面皮两边对折捏紧。
压紧饺子一端。
用力挤饺子成型。

馄饨皮的制作及馄饨的简单包法

原料

面粉 200 克
盐 2 克
鸡蛋 1个
水 100 克

自制馄饨皮

1 所有原料混合均匀，揉成光滑的面团，裹保鲜膜松弛 30 分钟。

2 案板上撒手粉防粘，将面团用大擀面杖擀开，擀成 1 毫米左右的面皮。

3 面皮上撒足手粉，用擀面杖卷起。

4 案板上撒手粉，擀面杖拖着面皮在案板上折叠成 8 厘米左右的宽度。

5 用刀分割成正方形，分割好的面皮挨个伸展开并撒上手粉，叠摞在一起，分割成正方形或者梯形即可。

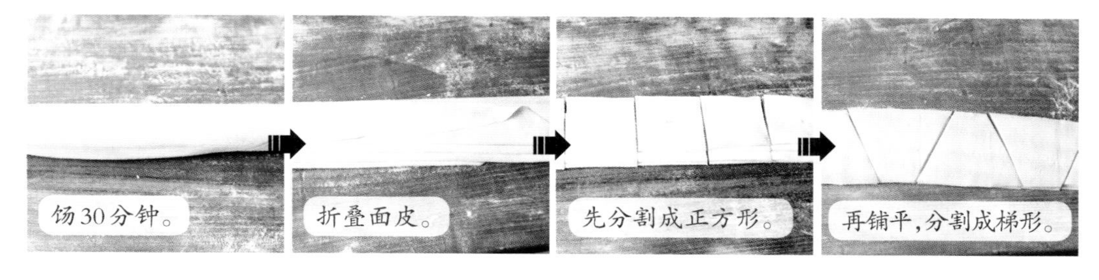
饧 30 分钟。　折叠面皮。　先分割成正方形。　再铺平，分割成梯形。

馄饨包法

1 取一张梯形馄饨皮，将肉馅放在靠近短边的位置。

2 以短边为起始端，向长边方向卷起。

3 卷 2~3 下，裹住肉馅。

4 两手捏住馄饨两边，捏紧口。

5 馄饨两边向上弯起。

6 弯起的两个边的重叠处沾少许水，粘牢即可。

放馅。　卷皮裹馅。　捏紧两端。　弯起两端。　沾水粘牢。

鲅鱼肉质细腻，搭配新鲜爽脆的蒜薹，口味更加鲜美。

在胶东的众多海鲜料理中，鲅鱼饺子是出镜率较高的。鲅鱼水饺以新鲜鲅鱼为原料，加适量蒜薹或韭菜调制而成，咸鲜嫩滑，美味无比。

鲅鱼饺子

原料

A：面粉 400 克
盐 1 克
水 200 克

B：鲅鱼肉 350 克
花椒水 230 克
油 25 克
蒜薹 50 克
盐 4 克

做法

1 花椒加水煮成花椒水，室温冷却待用。

2 鲅鱼去内脏洗净，鱼身用厨房纸吸干水分。用刀沿着鱼骨片出鱼肉，鱼皮可保留可片除，将鱼肉用刀剁成糜。

3 花椒水少量多次加入鱼糜中，每次加水时都要顺一个方向使劲搅拌，少量多次地加入花椒水，直到所有花椒水全被鱼糜吸收为止。

4 蒜薹切碎加入鱼糜中，加入盐、油搅匀。

5 面粉加盐和水揉成光滑的面团，裹保鲜膜松弛 30 分钟。取出面团，分成 4 份，取 1 份滚成长柱状，切成剂子，摁扁，用擀面杖擀成 1 毫米左右的面皮，饺子皮中间略厚一些。

6 中间放入馅，饺子皮下端向上端折起并捏紧，两只手的拇指和食指捏紧饺子的两端，用力挤一下，大肚饺子成型了。

饺子的煮法

①锅中烧大量水，煮开后下饺子，需用锅铲滑动水，用水的流动带动饺子。②盖好锅盖，大火煮沸后转中火，期间仍需用锅铲按时滑动饺子防止粘连。③虚掩锅盖，中火煮至所有饺子浮起，生饺子肚子浮起，大约需要 10 分钟，即可捞出饺子享用。

青椒和肉的比例，可以根
据个人口味进行调整。

“舒服不如倒着，好吃不如饺子。”一天的工作结束后，没有什么比回家吃一盘热气腾腾的饺子更舒坦了。青椒馅的饺子你们吃过吗？下面就给大家介绍一下青椒猪肉饺子的做法。

青椒猪肉饺子

煮

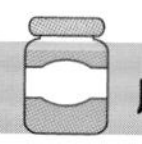
咸香

60 分钟

原料

A：猪肉糜 250 克
料酒 15 克
葱姜水 65 克
食用油 20 克
盐 17 克
生抽 10 克
糖 2 克
青椒 200 克

B：菠菜汁 20 克
面粉 140 克
水 50 克
盐 3 克

做法

1 20 克菠菜汁加 40 克面粉和 1 克盐揉成光滑的绿色面团，50 克水加 100 克面粉和 2 克盐揉成光滑的白色面团。

2 绿色面团擀成长椭圆形，白色面团滚成长柱状；绿色面皮包住白色面柱，收口处捏紧，然后搓成长条。

3 切成饺子剂子，并取 1 个剂子用手掌压扁，用擀面杖擀成饺子皮，饺子皮中放入青椒猪肉馅，将饺子逐个包起来。

4 锅中水烧沸后加少许盐，用锅铲搅匀锅中的水，将饺子放入水中，同时用铲子铲入锅底并划动水避免饺子粘连。

5 盖锅盖，用大火将水煮开后，待饺子都浮出水面后转中小火，虚掩锅盖煮 10~15 分钟，饺子浮在水面上且胀得鼓鼓的即可捞出。

馅料的制作

青椒洗净剁碎，撒 2 克盐拌匀静置待其出汁水；
猪肉糜加料酒、葱姜水（葱姜切条，加水浸泡半小时，弃掉葱姜条得到葱姜水）、生抽顺着一个方向用力搅拌上劲，再加入 10 克盐、糖和食用油继续搅拌至有黏性；
将盐腌的青椒用手略微挤压，挤掉剩余的汁水；
调好的肉馅里加入青椒和 5 克盐，搅拌均匀制成青椒猪肉馅。

茄汁猪肉馄饨

酸酸甜甜的茄汁做汤头，配着一个个鲜美的猪肉馄饨，一碗下去别提多过瘾了！

原料：

A：猪肉糜 150 克　料酒 5 克
葱汁 15 克　姜汁 3 克
生抽 6 克　老抽 2 克
蚝油 6 克　食用油 20 克
盐 3 克

B：自制馄饨皮适量

C：蒜 2 瓣　水 300 克
番茄火锅底料 60 克
食用油少许

1 猪肉糜加入所有调料顺着一个方向搅拌上劲；取一张梯形馄饨皮，将肉馅放在靠近短边的位置；

2 短边为起始端，向长边方向卷起，卷 2~3 下，裹住肉馅；

3 两只掐住馄饨两边，捏紧口；馄饨两边向上弯起，弯起的两个边的重叠处沾少许水粘捞制成猪肉馄饨；

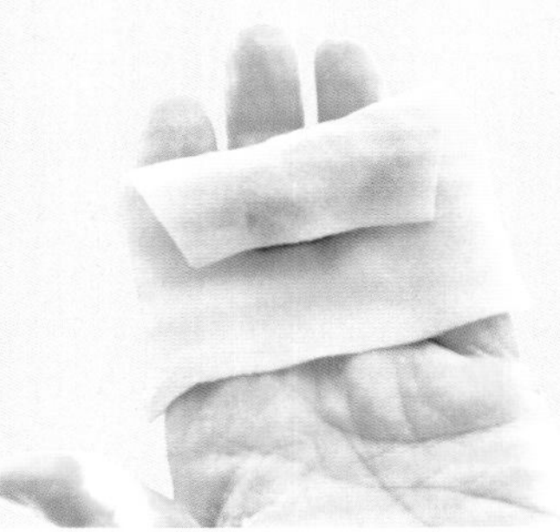

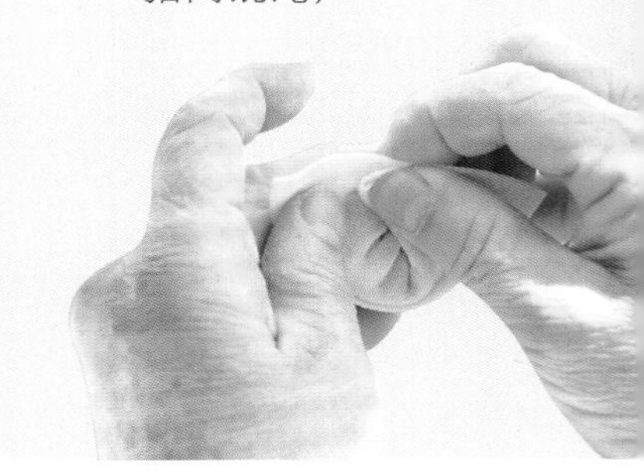

4

锅烧热加少许食用油炒香蒜瓣，加番茄火锅底料略炒，加入水烧开煮2~3分钟制成汤头；

5

将煮好的馄饨捞出放入汤头里，加蔬菜或撒点香菜即可。

麻辣拌馄饨是一种偏辣口味的做法，主要在于汤的调制。

喜欢辣口的朋友一定不要错过麻辣拌馄饨，皮薄馅大，拌着辣椒油、大蒜、花椒粉等辅料，口感香辣，在夏日来上一碗非常爽快！

麻辣拌馄饨

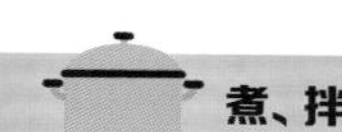
煮、拌
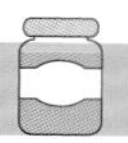
香辣

40 分钟

原料

A：肉糜 250 克
葱姜水 65 克
料酒 20 克
生抽 5 克
食用油 15 克
盐 8 克
糖 1克

B：辣椒面、大蒜、花椒粉、白芝麻、盐、糖、生抽、醋、菜籽油各适量

做法

1 原料 A 中，肉糜加葱姜水、料酒沿一个方向搅拌上劲。

2 加入盐、糖、生抽继续搅拌至黏稠，加入食用油搅拌均匀制成馄饨馅。

3 将馄饨馅放入馄饨皮中间，上下对折成三角形。

4 三角形两个底角折在一起，可沾少许水将其粘牢。

5 煮馄饨时制作拌料，原料 B 中的大蒜去皮切成末放入碗中，加入原料 B 中除了菜籽油以外的原料，菜籽油烧热后少量多次搅在拌料表面，拌匀制成麻辣拌料。

6 将馄饨煮熟，捞出过凉水后，放入配好的麻辣拌料里即可。

馄饨的煮法

①锅中烧大量水，煮沸后下入馄饨。②盖好锅盖大火煮至沸腾转小火。③虚掩锅盖，待馄饨全部浮起，馄饨鼓起来即可出锅。

虾仁富含蛋白质，搭配鲜肉做成馄饨，鲜香滑嫩，营养丰富。

猪肉馅里加上虾仁口感会更丰富，更有韧劲，而大虾自带的鲜味又能为猪肉馅提味不少，两者一起做成的馄饨非常好吃。

虾仁鲜肉馄饨

煮
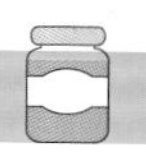
咸鲜

40 分钟

原料

猪肉糜 250 克
海捕大虾 6 只
葱姜水 65 克
料酒 15 克
生抽 5 克
食用油 15 克
盐 10 克
糖 1 克
馄饨皮适量

做法

1 海捕大虾去壳、去头、去虾线，剥出虾仁，将虾仁切成小块，放盐抓匀备用。

2 猪肉糜加葱姜水、料酒沿一个方向搅拌上劲，加入盐、糖、生抽继续搅拌至黏稠，加入油搅拌均匀制成馄饨馅。

3 将馄饨馅放入馄饨皮中间，摆上一颗虾仁，将馄饨皮底边斜着压在顶边上。

4 再由右边斜着压在左边上，手的虎口轻轻握拢收口，将所有小馄饨逐个包好。

5 煮制方法参考本书第 115 页中麻辣拌馄饨的煮法。

汤底的制作

碗里加少许盐、胡椒粉、生抽，滴适量香油，撒上虾皮和紫菜，冲进馄饨汤后，将煮好的馄饨放进去即可。也可用鸡汤、骨汤或者蔬菜汤。

咸蛋馄饨因为加入了咸蛋黄，调味时可减少盐的用量。

咸蛋馄饨，因为加了咸蛋黄，所以口感沙沙的，味道咸鲜无比，好吃的根本停不下来。

咸蛋馄饨

原料

猪肉糜 250 克
葱姜水 65 克
料酒 15 克
生抽 5 克
食用油 15 克
盐 5~8 克
糖 2 克
生咸蛋黄 4 粒
馄饨皮适量

做法

1 生咸蛋黄蒸熟后压成小碎块，冷却待用。

2 猪肉糜加葱姜水、料酒沿一个方向搅拌上劲，加入盐、糖、生抽继续搅拌至黏稠，加入油搅拌均匀成馅。

3 将馄饨馅放入馄饨皮中间，撒上一点碎咸蛋黄，馄饨皮上下边对折成三角形。

4 三角形两个底角折在一起，可沾少许水将其粘牢；将所有小馄饨逐个包好，同本书中第 115 页麻辣拌馄饨的煮法，将馄饨煮熟。

小贴士

咸蛋黄也可用熟的咸鸭蛋，直接包制即可，无需再上锅蒸。

加了玉米粉的饺子，
鲜甜无比，特有食欲。

玉米粒颗颗有汁，与鲜肉一起做成馅料更能增加馅料的层次感，让人胃口大开。

玉米鲜肉饺子

原料

A：胡萝卜汁 80 克
鸡蛋液 40 克
面粉 220 克
盐 2 克

B：猪肉糜 250 克
葱姜水 65 克
料酒 15 克
生抽 5 克
食用油 15 克
盐 10 克
糖 2 克
玉米粒 100 克

做法

1 将原料 A 中的原料混合成团，揉至光滑盖保鲜膜松弛 30 分钟。

2 猪肉糜加葱姜水、料酒沿一个方向搅拌至筋道，再加入盐、糖和生抽继续搅拌至黏稠，加入油搅匀，最后加入玉米粒制成饺子馅。

3 取出松弛好的面团，搓成长条，切成小剂子，剂子擀圆，中间铺上馅，将饺子逐个包好。

4 饺子的煮法可参考本书中第 109 页中鲅鱼饺子的煮法。

小贴士

将猪肉换成鸡肉，调成玉米鸡肉饺子也非常好吃！

第七章

汤面、炒面、凉面拌面、面片，

大口吃下的爽快面食

西红柿要炒得足够软烂，做出来的汤汁才更浓郁。

西红柿鸡蛋卤是所有配面条卤里最家常的一种卤，而且酸酸甜甜非常开胃，鲜艳的配色也让人食欲大增，现在就快来学学吧。

西红柿鸡蛋卤

原料

西红柿 150 克
葱 5 克
鸡蛋液 30 克
花生油 10 克
盐 3 克
糖 3 克
水 380 克
水淀粉 15 克
香油少许
香菜少许

做法

1 西红柿洗净去皮切块。

2 香菜、葱切碎。

3 锅烧热，加入花生油，爆香葱花，加入西红柿翻炒。

4 加入盐和糖翻炒，盖锅盖中小火将西红柿焖烂。

5 加入水，大火烧开。

6 加入水淀粉，边搅拌边倒入蛋液，最后加入香油关火，撒上香菜碎即可。

美食小贴士

西红柿放在沸水里煮一下，再撕掉皮，或者直接用勺子刮软外皮，再撕掉皮，都是不错的去皮方法。

嫩滑的海螺肉搭配爽脆的黄瓜片，鲜美又爽口。

海螺黄瓜卤是一种以黄瓜和海螺为原料的汤卤，味道鲜美无比，非常下饭。

海螺黄瓜卤

炒、煮
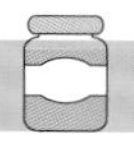
鲜香

20 分钟

原料

海螺 40 克
鸡蛋液 30 克
黄瓜 35 克
大蒜 3 克
花生油 5 克
水 150 克
盐 2 克
水淀粉 25 克

做法

1 海螺洗净，放凉水里盖锅盖大火煮沸后，中小火煮 3~5 分钟。

2 捞出海螺，挑出螺肉，切片，黄瓜、大蒜洗净切片。

3 锅里烧油，炒香大蒜片，加入黄瓜翻炒。

4 加入水烧开后，放入螺片。

5 加入盐，水烧开后勾水淀粉，淋鸡蛋液即可。

美味小贴士

海螺本身非常鲜美，无须再添加味精、鸡精。

红虾营养丰富，肉质滑嫩，易于消化。

红虾土豆卤是以土豆为主料、红虾为辅料的汤卤，红虾富含蛋白质，土豆富含钙及微量元素，两者搭配营养丰富。注意挑选土豆时不要买颜色发青和发芽的土豆，以免龙葵素中毒。

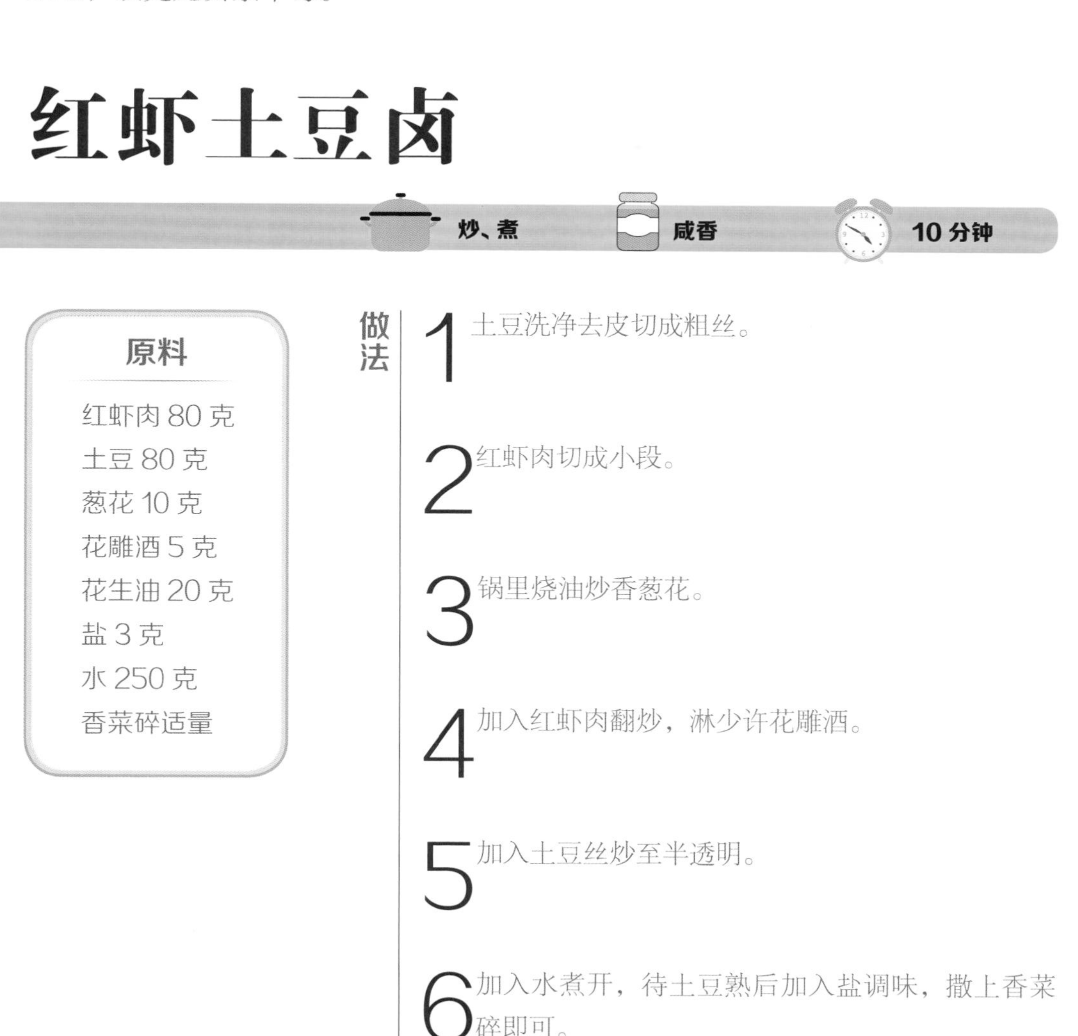

红虾土豆卤

炒、煮　咸香　10 分钟

原料

红虾肉 80 克
土豆 80 克
葱花 10 克
花雕酒 5 克
花生油 20 克
盐 3 克
水 250 克
香菜碎适量

做法

1 土豆洗净去皮切成粗丝。

2 红虾肉切成小段。

3 锅里烧油炒香葱花。

4 加入红虾肉翻炒，淋少许花雕酒。

5 加入土豆丝炒至半透明。

6 加入水煮开，待土豆熟后加入盐调味，撒上香菜碎即可。

面条的煮法

将挂面放入煮开的水中，煮熟后捞出放入红虾土豆卤中即可。

墨鱼属于发物，易过敏的人应少吃。

青萝卜水多味甜，爽脆可口，墨鱼含丰富的蛋白质，两者搭配既有萝卜的清香，又有墨鱼的鲜味，做成的汤卤味美鲜香。

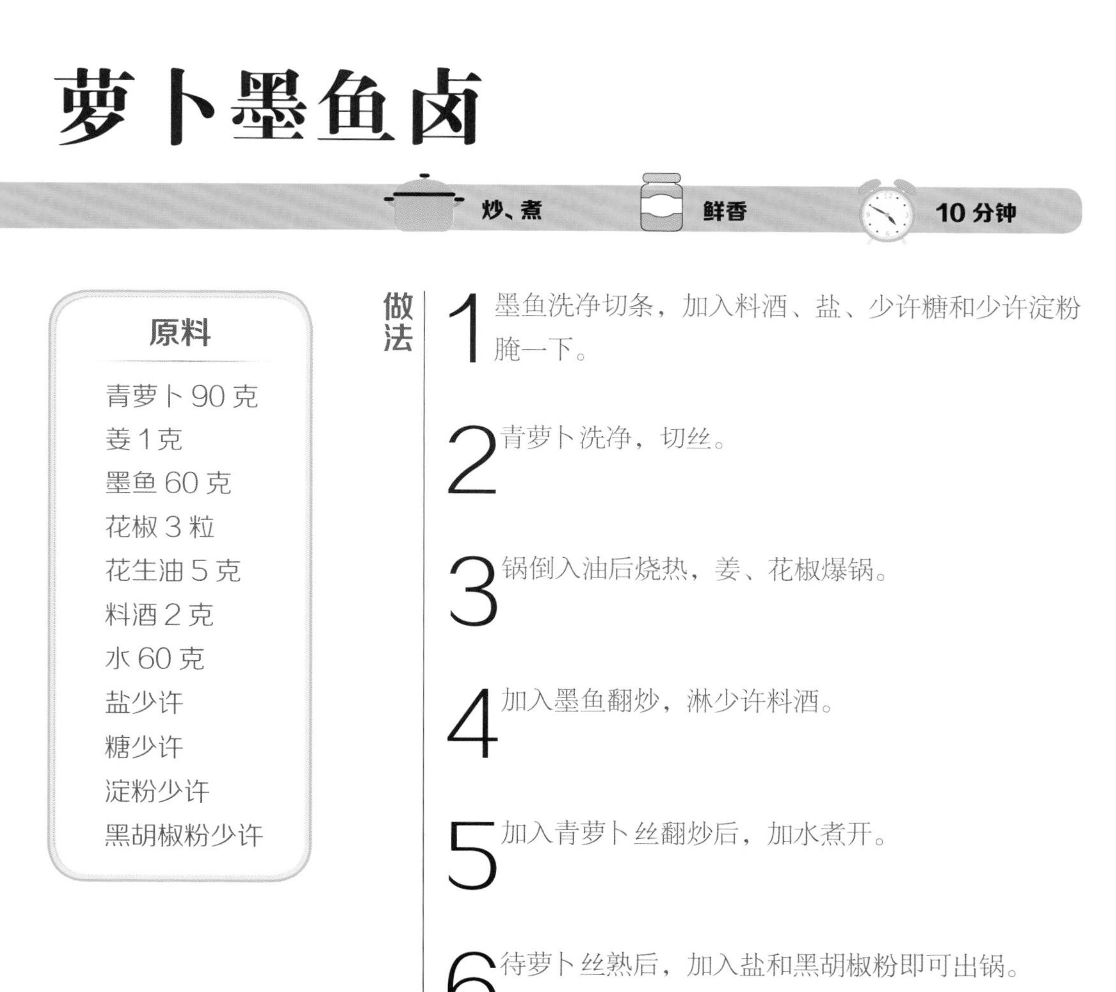

萝卜墨鱼卤

炒、煮　鲜香　10 分钟

原料

青萝卜 90 克
姜 1 克
墨鱼 60 克
花椒 3 粒
花生油 5 克
料酒 2 克
水 60 克
盐少许
糖少许
淀粉少许
黑胡椒粉少许

做法

1 墨鱼洗净切条，加入料酒、盐、少许糖和少许淀粉腌一下。

2 青萝卜洗净，切丝。

3 锅倒入油后烧热，姜、花椒爆锅。

4 加入墨鱼翻炒，淋少许料酒。

5 加入青萝卜丝翻炒后，加水煮开。

6 待萝卜丝熟后，加入盐和黑胡椒粉即可出锅。

美味小贴士

墨鱼可以用海虾来代替，也是非常鲜美的海鲜卤。

炖好牛肉，再搭配各种蔬菜做卤子，美味又快捷。

牛肉和西红柿是很好的搭配组合，不仅美味，西红柿里的维生素能更好地吸收肉里含的铁，除此之外，颜值也高，惹人直流口水。

茄汁牛肉卤

 炖 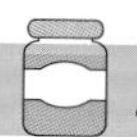 咸香  10 分钟

原料

熟牛肉 180 克
西红柿 280 克
洋葱 110 克
油 15 克
盐 5 克
糖 3 克
茄汁面汤料 50 克
水 350 克

做法

1 熟牛肉切大块，西红柿洗净、去皮、切块，洋葱洗净切条。

2 油锅烧热，放入洋葱炒香，放入西红柿翻炒，倒入茄汁面汤料、盐和糖调味，中小火熬制软烂。

3 加入牛肉和水，大火烧开，中火烧至汤较浓稠，关火制成茄汁牛肉卤。

熟牛肉切块。

西红柿去皮，切块。

洋葱切条。

加入茄汁面汤料调味。

用生蛤蜊肉能最大程度保留蛤蜊
的鲜美。

芸豆蛤蜊卤常见于海滨城市，是一种富有海鲜特色且较为健康的汤菜。蛤蜊肉嫩味鲜，搭配芸豆是非常不错的选择。

芸豆蛤蜊卤

 炖　 咸鲜　 10 分钟

原料

芸豆 50 克
葱 2 克
蒜 2 克
姜 1 克
生蛤蜊肉 50 克
蛋液 15 克
水 150 克
花生油 5 克
盐少许
胡椒粉少许
香油少许

做法

1 葱、姜、蒜切碎，芸豆洗净，切成丁。

2 将花生油烧热，放入葱、姜、蒜炒香，加入芸豆翻炒，直到芸豆变色。

3 加水后大火烧开，转中小火煮至芸豆熟透。

4 放入蛤蜊肉，再次开锅后加入盐、胡椒粉调味，最后淋入蛋液，倒入香油即可。

美味小贴士

若买不到生蛤蜊肉，也可用熟的代替，只是口感会略差一点。

将煮好的面过一下水会更加爽滑筋道。

酱油肉丝面做法简单，味道也很好，一个人在家不知吃什么时，不妨为自己做上一碗，方便又美味。

酱油肉丝面

炒、煮
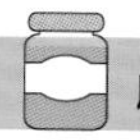
咸鲜

15 分钟

原料

A：猪肉 70 克
料酒 5 克
蚝油 4 克
生抽 4 克
老抽 2 克
淀粉 3 克

B：葱 18 克
香菜 10 克
油 20 克
酱油 20 克
水 320 克
盐少许

做法

1 猪肉切丝，加入原料 A 中的其他原料抓匀并腌制 10 分钟。

2 原料 B 中 8 克葱切碎，香菜和剩余的葱切成末。

3 锅烧热，倒入油爆香 8 克葱花。

4 放入腌制好的肉丝，翻炒至开始变色。

5 加入原料 B 中的酱油，翻炒均匀。

6 加入水和少许盐调味，大火煮开后继续煮 2~5 分钟，肉熟后关火，制成酱油肉丝卤。

7 在煮好的面上浇入酱油肉丝卤，撒上 2 克葱末和香菜末即可。

美味小贴士

煮面的时候可以在水中加点盐，面条不易粘，且口感顺滑。

手擀面中加入的面比较多，所以面条硬，吃起来更筋道，更有嚼劲。

手擀面是面条的一种，因是用手工擀出的面条故而得名。比起机器压出来的面或超市卖的挂面来说，手擀面的口感更为筋道。

手擀面

30 分钟

原料

面粉 345 克
水 115 克
鸡蛋 2 个
盐 3 克

做法

1 所有原料混合均匀，揉成光滑的面团，裹上保鲜膜，松弛 20 分钟。

2 用长擀面杖将面团擀成 1~2 毫米厚的面皮，将面皮折叠，每折叠一层撒一层面粉，防止粘连。

3 按照所需的宽度切成面条，抖开，撒一层面粉防止粘连即可。

美味小贴士

手擀面制作完成后放入冰箱冷藏，可保鲜 3 天。

刀削面外滑内筋，软而不粘，越嚼越香，深受大众欢迎。

刀削面是山西一带非常有名的面食，被人们称为“面食之王”。

红烧牛肉刀削面

炒、煮
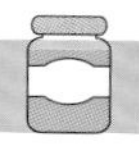
咸鲜

45 分钟

原料

面粉 125 克
水 57 克
盐少许

做法

1 在面粉中加入盐，拌匀后加入水，揉成光滑的面团。由于面团含水量较小，可以揉一会儿盖上保鲜膜饧一会儿。反复揉、饧面团更容易达到光滑的程度。

2 趁面团较硬时，一手托面，另一只手用锋利的刀把面团削成柳叶状的面片。

3 起锅水煮沸后，将刀削面散入锅中，待面浮起后捞出，加入汤卤即可。

汤卤的选择

红烧牛肉面的汤卤，可以选生牛肉，也可以选熟牛肉。
熟肉熟得快一些，生肉熟得慢，但味道会更足一些。

汤头原料

牛肉 120 克
食用油 20 克
蚝油 30 克
白酒 10 克
老抽 10 克
白萝卜 100 克
清水适量

汤头做法

1 将牛肉切成块或者厚片，油锅烧热后加入牛肉炒至变白，加入蚝油、老抽、白酒和清水上锅炖。普通锅需要炖 2 小时左右，高压锅只需要炖 20 分钟左右即可。

2 在炖好的牛肉中加入 100 克白萝卜块或白萝卜片稍炖，白萝卜酥软后，浇入煮好的面中即可。

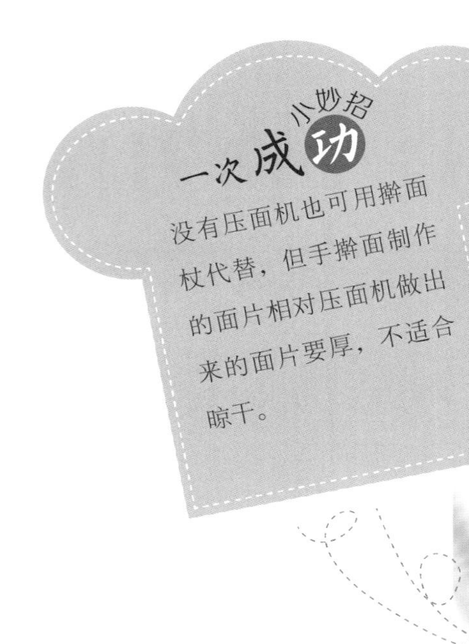

50 分钟

蝴蝶面片

蝴蝶面的面质有两侧较细柔、中间较厚实的特点，造型可爱，颜色丰富，非常适合小朋友食用。

原料：

自选蔬菜共 240 克
面粉 700 克
盐 3 克
鸡蛋液 100 克

1 蔬菜榨汁过滤；加入面粉、盐、鸡蛋液揉成光滑的面团。

2 将面团放入压面机中，撒上手粉来回压平滑。

蝴蝶面做好后可直接煮熟吃，也可以晾干成干蝴蝶面，更利于长期保存。

3 用瓶盖在面皮上刻出圆形的小花，用筷子夹住两端向中间夹，夹成小蝴蝶的形状。

4 放在竹垫上晾至干硬，密封保存或直接煮熟食用。

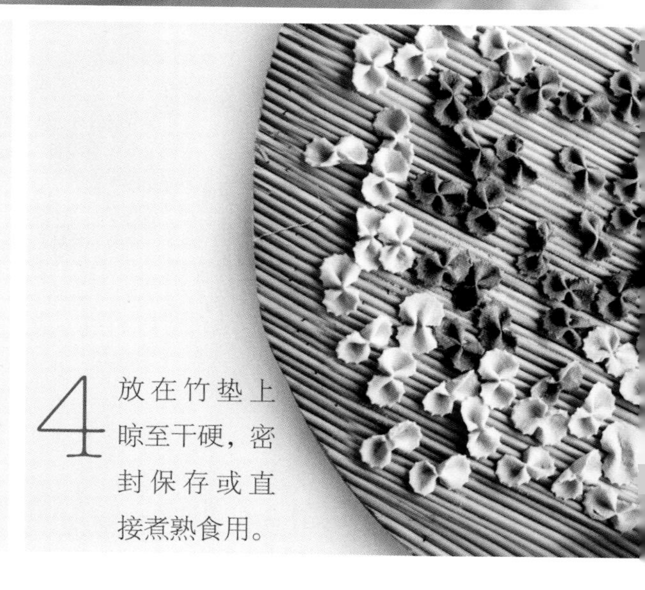

鸡丝凉面可搭配多种食材，营养丰富，鲜香爽口，为夏季佳品。

炎炎夏日，没有食欲不用担心，一款清爽开胃的鸡丝凉面打开你的胃口，鸡丝凉面既爽口又健康。

鸡丝凉面

原料

A：鲜面条 350 克

B：烤鸡腿或者煮鸡腿 1 只
胡萝卜 1 根
黄瓜 1 根

C：芝麻酱 40 克
香油 25 克
辣椒酱少许
生抽少许
醋少许
盐少许
蒜泥少许

做法

1 先将面条放入沸水中煮至八成熟，捞出，放入凉水中过一遍凉水。

2 将鸡腿去皮撕成丝，黄瓜、胡萝卜洗净，切成丝铺在面条上。

3 芝麻酱加香油调匀，浇在面上；生抽、醋、盐、蒜泥、辣椒酱按个人口味调匀，浇在面上即可。

美味小贴士

八成熟面的状态是掐断面条后，面条中心有一点点生。若用全熟的面条，口感会比较烂，不够筋道。

此款疙瘩汤材料丰富，味道酸甜，让人非常有食欲。

疙瘩汤做法简单，是一道快手省事的面食，它可以搭配任何一种汤面。

茄汁海鲜疙瘩汤

 煮　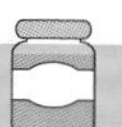 咸鲜　 30 分钟

原料

A：虾仁 40 克
干贝 15 克
蟹足棒 2 根
海螺肉 40 克
番茄 180 克
葱 5 克
食用油 20 克
盐 3 克
糖 3 克
茄汁面汤料 50 克
水 530 克
鸡蛋 1 个

B：面粉 100 克
水 55 克

做法

1 油锅烧热，加入葱炒香，再加入番茄、盐、糖炒至番茄变软，加入茄汁面汤料继续翻炒，转小火，盖上锅盖，至番茄焖烂。

2 锅中加原料 A 中的水，沸腾后加入虾仁、干贝、蟹足棒、海螺肉，再次沸腾后加入调好的面疙瘩，面疙瘩熟后加入打散的蛋液，开锅后盛出即可。

葱炒香。

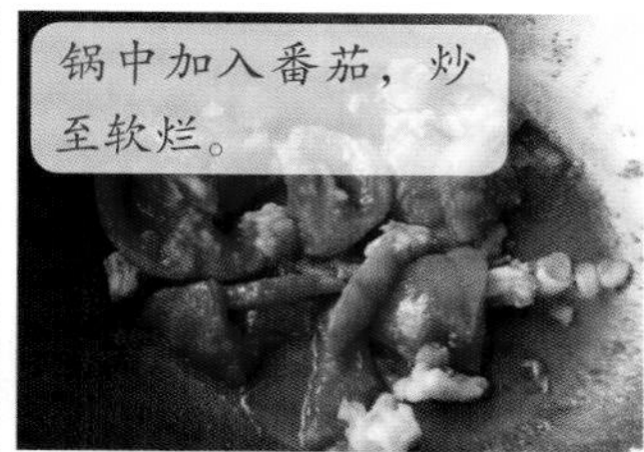
锅中加入番茄，炒至软烂。

加入茄汁面汤料调味。

面疙瘩的做法

原料 B 中的 100 克面粉加 55 克水，一边加水，一边搅拌，直至面粉成细小的面疙瘩状即可。

煮意面时注意时间，不要煮太软，
这样吃起来才筋道。

意大利面比中国面条更有嚼劲，也更筋道。它可搭配肉面，也可搭配海鲜面，还可与奶油酱搭配，味道都很棒！这里介绍一款比较简单的中式意大利面做法。

茄汁金枪鱼意面

煮

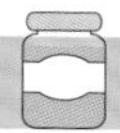

酸甜

30 分钟

原料

茄汁面汤料 30 克
番茄 180 克
洋葱 30 克
黄油 10 克
意大利面 70 克
水 80 克
糖 5 克
金枪鱼罐头 1 罐

做法

1 洋葱切碎待用，番茄切丁待用。

2 意大利面煮熟后放入凉水中过凉水。

3 锅中放入黄油，小火加热至几乎熔化。

4 放入洋葱炒香，放入番茄、糖炒软，加入茄汁面汤料炒香。

5 加水烧至汤汁浓稠，加入金枪鱼罐头翻炒均匀，关火。

6 将意大利面放入酱中拌匀即可。

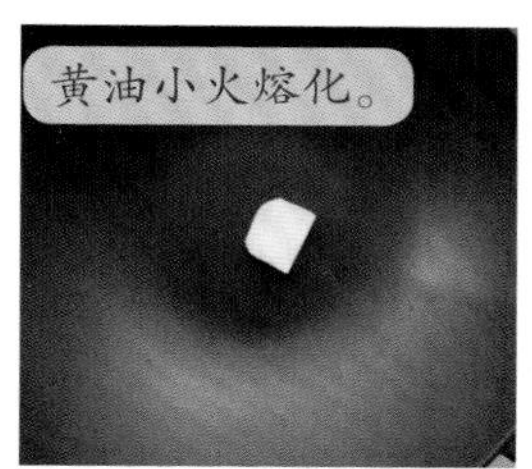

黄油小火熔化。

洋葱炒香。

加入番茄丁。

加入茄汁面汤料。

吃茄子时最好不要去皮，茄子皮
富含花青素，对人体有好处。

茄子肉丁面的卤汤汁浓稠，香而不腻，配上手擀面，那真是家常的味道——亲切，满足！

茄子肉丁面

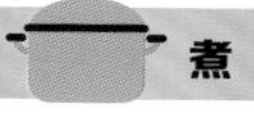
煮
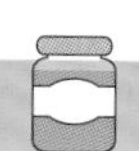
咸鲜

50 分钟

原料

茄子 185 克
糖 3 克
猪肉 85 克
白酒 3 克
盐 2 克
干淀粉 2 克
油 30 克
大蒜 10 克
蚝油 25 克
甜面酱 30 克
水 200 克
香菜碎适量

做法

1 茄子洗净切小块，大蒜去皮切末，猪肉洗净切丁后用白酒、盐和干淀粉腌制 10 分钟。

2 油锅烧热，转中火放入大蒜末爆香。

3 放入腌好的猪肉，煸炒至颜色变白，转中小火，放入茄子翻炒至茄子边缘变半透明。

4 加入甜面酱、糖和蚝油，翻炒均匀，倒入水，大火煮开后转中火焖煮。

5 焖煮至汤汁变浓稠关火，浇在煮好的面上，撒上香菜碎即可。

美味小贴士

肉可选用猪五花肉，炒至肉的颜色微焦，让肥肉部分的油浸出，增添香味。

茄汁面片清淡爽口，容易消化，
可根据个人口味搭配各种食材。

平日包饺子、馄饨剩下多余的面团，可以制作成面片，晾干后放在冰箱里保鲜，吃的时候直接煮食，方便又快捷。

茄汁面片

原料

大蒜 1 瓣
西红柿 75 克
番茄火锅汤料 15 克
水 500 克
面片 60 克
牛肉卷 90 克
香油少许
盐少许
食用油适量

做法

1 油锅烧热，加蒜爆香，加入西红柿，放入盐，炒至西红柿稍变软后加入番茄火锅汤料，盖锅盖。

2 焖软后加水烧开，加入牛肉卷，水沸腾后加入面片，再次沸腾后面片熟透即可关火，滴入少许香油出锅即可。

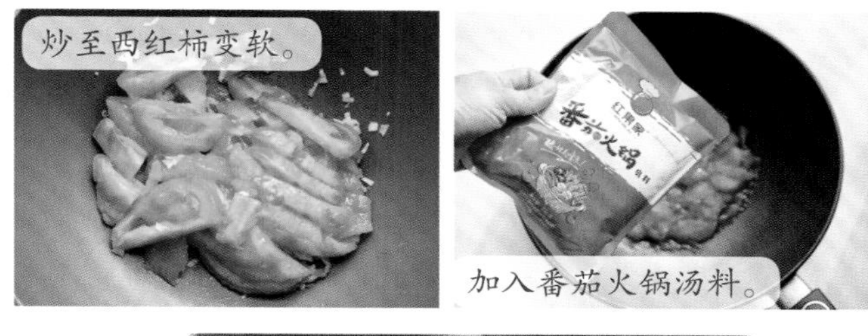

炒至西红柿变软。

加入番茄火锅汤料。

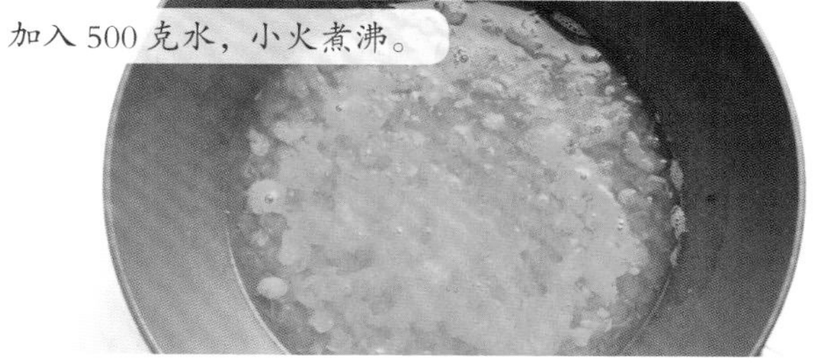

加入 500 克水，小火煮沸。

面片做法

面和水的比例为 2:1，200 克面粉加 100 克水，再加少许盐，揉成光滑的面团，裹上保鲜膜，常温下饧 20 分钟。用擀面杖擀成 1~2 毫米厚的面皮，用刀将其切成棋子块状直接放在沸水中煮熟，也可以放在竹垫上，在太阳底下或通风处晾干，成为没有水分的干面片。

一次成功小妙招
为保持面条弹性，焯面条的时间不用太久。

炒

咸香
60 分钟

炒面

炒面是流行于大江南北的中国传统小吃，制作原料主要有面条、蔬菜、肉，再配以各种调料，是道美味的快手省事面食。

原料：

A：猪脊背肉 170 克
老抽 3 克
生抽 8 克
料酒 4 克
淀粉 3 克

B：蒜 2 瓣
盐少许
豆芽 130 克
油菜 160 克
手擀面 350 克
食用油 35 克
蚝油 10 克
老抽 15 克
生抽 8 克

做法

1 先将肉切成粗丝，加入 A 的调味料，拌匀后腌制 5 分钟；将原料 B 的蒜切成片，蔬菜洗净。锅中水烧开，加入少许盐，放入手擀面，断生后捞出，过凉水。加入少许食用油，防止粘连。

2 煮面的水再次煮沸后，放入洗好的豆芽和油菜，略烫后捞出。

3 另起锅加入食用油烧热，放入腌好的肉丝，以及原料 B 中的蚝油、老抽，将肉丝炒熟，倒入焯好的蔬菜和面条，加入生抽，迅速翻炒均匀后出锅即可。

加调料腌制5分钟。

清洗蔬菜。

面过凉水。

炒面的味道比较浓郁，吃起来鲜
香可口，让人胃口大开。

肉丝炒熟。

倒入蔬菜翻炒。

最后加入面翻炒。

一次成功小妙招
湿面条越长，晾好的干挂面就越直。

60 分钟

蔬菜挂面

蔬菜挂面是在挂面加工的时候放入蔬菜汁，它的营养成份中含有一种果胶，可加速排出体内汞离子，是常接触汞的人的保健食物之一。

原料：

自选蔬菜共 240 克
面粉 700 克
盐 3 克
鸡蛋液 100 克

做法

1 蔬菜榨汁过滤，叶子菜需先用水焯烫。

2 加入面粉、鸡蛋液、盐，揉成比较粗糙的面团。

3 将面团放入压面机中，撒手粉来回压平滑。

4 压好的面片再用面条机压成面条，越长越好。

5 将面条挂在晾架上晾干即可。

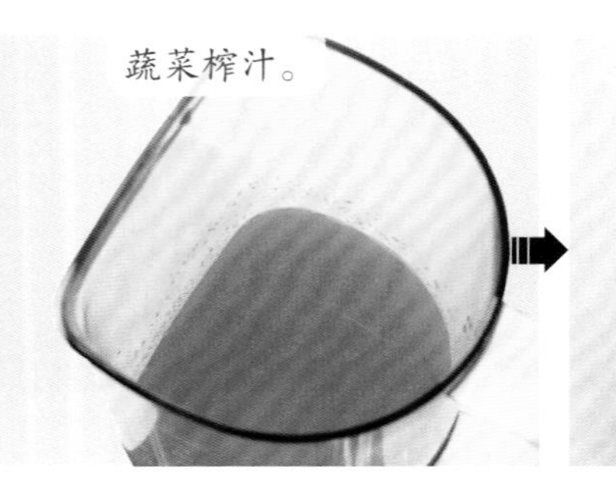
蔬菜榨汁。

揉成面团。

压成面片。

挂面因为没有水分，所以比一般面条更易储存，吃起来也比较方面。

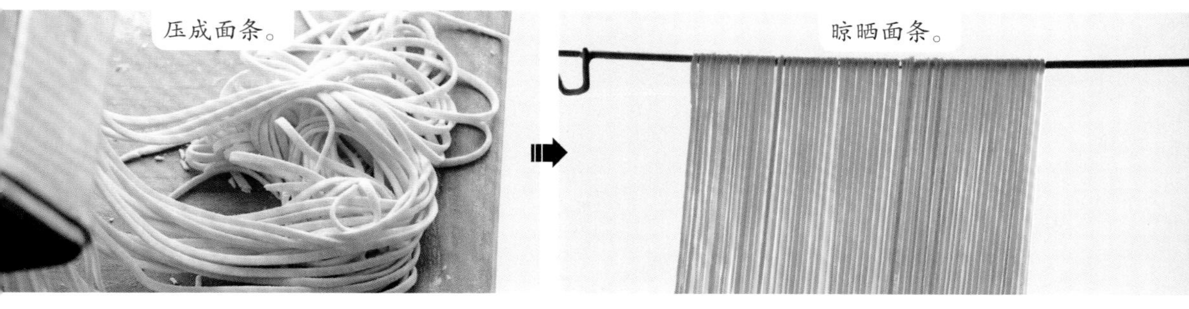
压成面条。
晾晒面条。

炸酱面是富有北京特色的面食，
由菜码、炸酱拌面条而成。

炸酱面是中国传统特色面食，最初起源于北京，流行于北京、天津、河北等北方地区。炸酱面的精髓在于酱是否可口，不可过咸也不可过于油腻。这里介绍一款比较简单的炸酱面。

炸酱面

原料

姜末 2 克
葱花 60 克
猪五花肉 160 克
食用油 40 克
八角半个
黄豆酱 40 克
甜面酱 180 克
水 60 克

做法

1 油锅烧热，放入姜末、葱花和八角炒香。

2 放入切好的猪五花肉炒至颜色发白。

3 加入黄豆酱和甜面酱炒香。

4 加水烧开，转小火烧至汤汁浓稠制成炸酱。

5 面煮熟后过水，捞入碗中，加入炒好的炸酱拌匀即可。

美味小贴士

酱一定要充分炒香，做好的炸酱味道才够正，配菜可选择一些清口的，例如黄瓜、豆芽、萝卜等。

一次成功小妙招
焖面不要选择太细的面或者挂面，否则容易塌糊。

焖 咸香 60分钟

芸豆排骨焖面

焖面是中国中部和北部地区的特色传统面食小吃，芸豆既可中和排骨的油腻，又给面条增加了一些别样口感。

原料：

芸豆 250 克
猪肋排 280 克
食用油 30 克
手擀面 350 克
水 500 克
老抽 10 克
蚝油 25 克
料酒 20 克

做法

1 芸豆洗净掰成段待用；猪肋排洗净控水待用。

2 油锅烧热，加入排骨炒至颜色发白；加入料酒、老抽、蚝油炒上色，加少许水，中小火焖至水干，加入芸豆翻炒均匀。

3 加水烧开后，中火盖锅盖焖 10 分钟；加入手擀面继续盖锅盖中小火焖 5 分钟。

4 开盖用筷子挑动面条片刻，继续盖盖子小火焖 3~5 分钟，待汤汁收浓后关火即可。

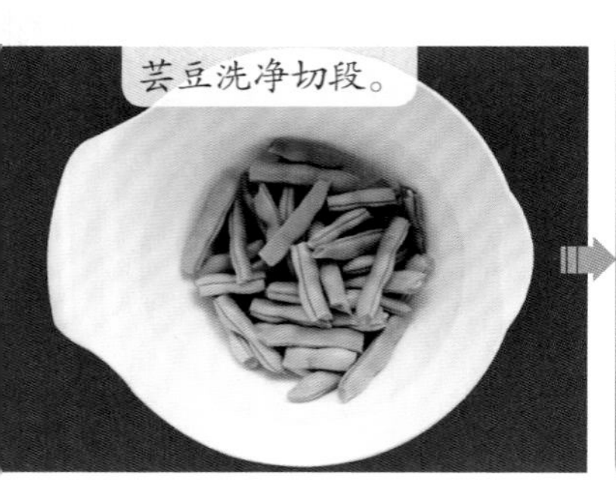
芸豆洗净切段。

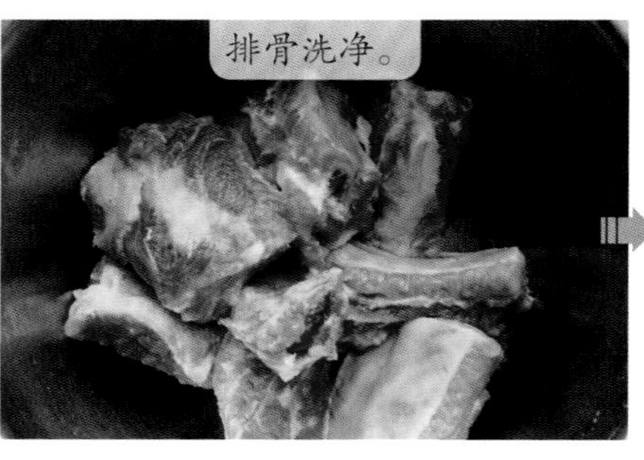
排骨洗净。

上锅翻炒。

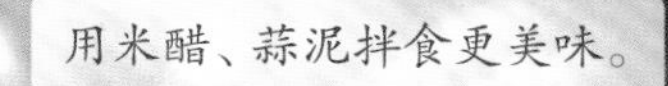
用米醋、蒜泥拌食更美味。

加入调料。

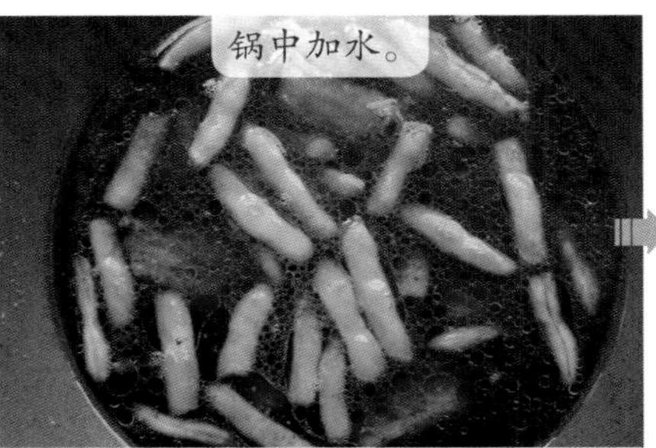
锅中加水。

放入面条焖熟。

用意大利面做成的炒面更加劲道，
口感更好。

意大利面是西方人比较爱吃的面食，也比较受国人的欢迎，它质地较硬，有嚼劲，加入花生酱，口感和味道又提升一个台阶，让你忍不住大快朵颐！

私房炒面

原料

猪里脊肉 50 克
洋葱 50 克
意大利面 120 克
食用油 5 克
蚝油 5 克
老抽 8 克
生抽 5 克
花生酱 10 克
盐 2 克
水适量

做法

1 洋葱去老皮，洗净，切成条；猪里脊肉洗净，切细条；水烧开加入 1 克盐，把意大利面放入煮至九成熟后关火，用凉水冲至面条变凉后，控水，加入 2 克食用油拌匀待用。

2 不粘锅加 3 克食用油烧热，放入里脊肉条；中火炒至略微发白后加入蚝油、5 克老抽，炒匀；加入洋葱条，继续炒至洋葱边缘上色，整体变软转大火。

3 加入煮好的面条和 3 克老抽，继续大火炒，用筷子不停挑起、翻拌均匀；加入生抽、1 克盐拌匀后关火，加入花生酱，趁热用筷子挑起并翻拌均匀。

4 最后可按照自己的喜好撒点孜然粉或加入辣椒油、醋等调味，也可直接装盘享用。

美味小贴士

可以自行选择各种喜欢的食材与面一起炒。

图书在版编目（CIP）数据

吃不厌的面食 / 小雯著 . -- 南京：江苏凤凰科学技术出版社，2019.4
（汉竹 · 健康爱家系列）
ISBN 978-7-5537-9778-6

Ⅰ. ①吃… Ⅱ. ①小… Ⅲ. ①面食—制作—图解 Ⅳ. ① TS972.132-64

中国版本图书馆 CIP 数据核字 (2018) 第 240895 号

中国健康生活图书实力品牌

吃不厌的面食

著　　者　小　雯
编　　著　汉　竹
责任编辑　刘玉锋
特邀编辑　张　瑜　杨晓晔　蒋静丽　仇　双
责任校对　郝慧华
责任监制　曹叶平　刘文洋

出版发行　江苏凤凰科学技术出版社
出版社地址　南京市湖南路 1 号 A 楼，邮编：210009
出版社网址　http://www.pspress.cn
印　　刷　合肥精艺印刷有限公司

开　　本　720 mm × 1 000 mm　1/16
印　　张　11
字　　数　150 000
版　　次　2019 年 4 月第 1 版
印　　次　2019 年 4 月第 1 次印刷

标准书号　ISBN 978-7-5537-9778-6
定　　价　36.00 元